UPRIGHT
The Evolutionary Key to Becoming Human

Craig Stanford

直立歩行

進化への鍵

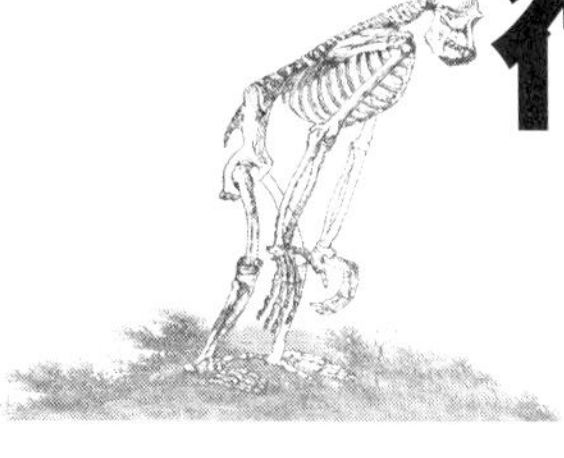

クレイグ・スタンフォード
長野敬＋林大 訳

青土社

直立歩行　目次

直立歩行

進化への鍵

これまで私の人生で、「歩くこと」の術を理解していた人には、
ほんの一人か二人に出遇ったにすぎない。

——ヘンリー・デーヴィッド・ソロー『歩くこと』

序

研究仲間の仕事に解釈を試みる本を書くのは、気おくれのする課題だ。自分が意見を高く評価している人たちの少なくとも半数から、好ましくない反応を受けるに違いないのだから。人類の化石記録について書く場合には、特にそう言えるだろう。化石の標本資料は少なく、科学的な意見は固く抱かれ、論争は烈しいものがある。むかし大学卒業の口頭試問に臨んだとき以来なかったような心の震えを覚えながら、私は本書『直立歩行』の原稿のいろんな部分を研究仲間に送った。しかし、おそれは杞憂だった。この分野のおもな論争参加者から私が受け取ったコメントは、本書を損なうどころか圧倒的に助けてくれるもので、ここで受け取った建設的な批判は、書物を完成させる鍵となった。

原稿とその解釈について助言を求めたのに対する反応で、カリフォルニア大学バークレー校のティム・ホワイトに感謝する。私の長々としたe-メールの問い合わせに数時間もしないうちに返事があって、私がかなり間違ってとらえていた事実や推理を、彼は詳細に脱構築してくれた。ケント州立大学の

C・オーウェン・ラヴジョイは未刊行の論文や、私の見のがしていた情報を満載したCDをすぐさま送ってくれた。シカゴ大学のラッセル・タトルも同様なことに加えて、未決定の原稿を校訂することで再度助けを与えてくれた。私にとって年来、科学者として望みうる最良の建設的な批判者であるマイアミ大学のウィリアム・マグルーは、一般的な結論に多数の慎重な意見を加えてくれた。何年か前に一連の会話で本書の始めの方の着想の一部に火をつけてくれたハーヴァード医科大学のミシア・ランダウは、フリートリヒ・エンゲルスのような思いがけない歴史的人物が二足歩行について書いていたことを、私に指摘した。そして長年の研究仲間、共著者、友人であるアイオワ大学のジョン・アレンは、事柄全体についていつもながらの独特の見方を、いつも通りに提供してくれた。そのほかにもインディアナ大学のケヴィン・ハントやニュー・メキシコ州立大学のモンテ・マクロッシンと、直立歩行について有益な議論を交わした。フートン・ミフィリン社のローラ・ヴァン・ダムとスコヴィル・チチャク・ゲーレン著作権代行社のラッセル・ゲーレンにも特にお礼を述べたい。

二足歩行について最初に私の興味に点火したのは、ウガンダのブウィンディ・インペネトラブル国立公園の私の研究グループのチンパンジーだった。彼らは危機に脅かされている棲み場所で暮らしているが、科学者が時間を過ごしたいと望みうるよりは美しい環境だ。ある日一匹のチンプが、大きな樹のなかですっくと立ち上がると、我々がスーパーマーケットの高い棚に手を伸ばすような何気ない動作で、頭上に垂れているイチジクを食べはじめた。それ以後彼らは、私が他のどこで観察した類人猿よりも二足で立つことが多いのが分かってきたが、立って歩くけれどもそれはいつも樹の上だった。これを見守るうちに、直立の説明として出されて年期を経てきたある種の説明は、大間違いであることが私には明らかになった。ある朝私は腰を据えて、ヒトの歩行の起原の大型類人猿モデルについて、現行の考えを通覧する学術総説を書きはじめた。数ヵ月して論文が一冊の本の長さに育ってきたとき、その結果が本書『直立歩行』になるだろうということが、私にはわかった。

ブウィンデイでの私の研究はすでに数年間続いており、それを可能にした寛容な資金援助について、特にナショナル・ジオグラフィック協会、ウェンナー・グレン人類学研究財団、フルブライト財団、L・S・B・リーキー財団、そして南カリフォルニア大学ジェーン・グドール研究センターに感謝する。ウガンダ政府、特にウガンダ野生生物機構当局、そしてウガンダ国立科学技術協議会からはウガンダでの研究許可を与えられた。

計画への援助、特に本書の刊行実現への支持に対して、アフリカと母国の各位にも謝意を表する。ウガンダではジョン・ボスコ・ンクルヌンギ、カレブ・ムガムボネザ、ミッチェル・キーヴァー、アラステアー・マクネーラージ、そしてジャーヴェーズ・トゥムウェバゼ。タンザニアではジェーン・グドール。カリフォルニアではクリストファー・ベーム、エードリアナ・ヘルナンデス、エリン・ムーア、テレリタ・プライス、アダム・スタンフォード＝ムーア、ゲーレン・スタンフォード＝ムーア、そしてマリカ・スタンフォード＝ムーア。

友人、研究仲間、そして家族のあらゆる援助にもかかわらず本書に残る誤りは、もちろん私自身のものである。

はじめに

赤ん坊の歩み

私には子供が三人いる。それぞれの子がはじめて手助けされずに歩いたときのことは鮮やかに覚えている。最初の子だった長女は、はじめ何週間も「クルージング」をしていた。家具でも人でもイヌでも、手当たり次第何にでもつかまって歩くのだ。だが一〇ヵ月で二足歩行する用意を整えた。私の手を離れ、脚を突っ張らかせたまま数歩進み、母親に抱きとめられた。娘の大きく見開かれた目には、自分がやってのけたことへの驚きが表れていた。娘は人間特有の動作のうちで最も自然な動作を覚えたのだが、私と妻は、それがわれわれ夫婦の子育ての巧さと関係があると想像して、にんまりした。三年後、私たちはメキシコの農村で暮らしていた。下の娘が土埃のなかを這いまわっているせいで、いろいろな病気にかかるのではないかと気が気でなかった。そしてある日、娘は立ち上がるとよちよち歩きをはじめた。息子の場合は違っていた。私は東アフリカにいた。大事件を見逃すことになるだろうと承知したうえで、ひと月にわたる旅に出ていた。果たしてウガンダに着いてまもなく、私は電話の雑音の間から知らせを聞いた。アダムが、這いながらボールを運ぼうとしてさんざん苦心惨憺した末に、すっと立ち上がり、ボールを抱え、達成感に満ちた満面の笑みを浮かべて歩いたというのだ。

たいていの人は、私たちが二足動物になるまでの歴史など何とも思わない。歩くのにたいしたエネルギーも考えることも必要ないからかもしれない。たいていの人は、高尚な知性とか親指を使ってものを摑む能力こそ、私たちを他の霊長類から隔てるものだと考えている。だが霊長類はすべて、ものを摑む親指をもっているし、サルの脳と私たちの脳の違いは、人がしばしば思っているほど大きくない。決定的な再編成が起きた部分もあるが、人間の脳は基本的にはチンパンジーの脳を膨らませたものだ。

しかし習慣的に立って歩く能力は、私たちが祖先と違う種類の生物へと根本的に変化したことを意味している。二足歩行は、脳の拡大よりも五〇〇万年ほど早くに生じていた。これこそ人類のあけぼのを告げる出来事だった。二足動物となることで私たちはヒトになったのだ。化石人類が見つかると必ず誰もが真っ先に知りたがる重大な情報は、「直立歩行をしたか」ということだ。その次の問いは、「これでわれわれの系統樹がどう変わるのか」である。

たいていの人が考える以上に、歩くということはセクシーだ。それはサルと初期人類で、複雑なモザイクをなしている一連の特徴の要《かなめ》となっている。たとえばイヌやウマのように、足取りと同じリズムで息をしなければならない動物は多いが、四つ足でなく二本の脚で歩けばその制約から解放される。二本脚で立った私たちの祖先の肺は、自由になると、息を微妙に調節できるようになった。これは言葉を話す能力獲得の一因となったかもしれない。私たちの体には、ジグソーパズルのように組み合わさった進化の鮮やかな事例がいくつもある。直立歩行と言葉を話すことの関連もその一つだ。

私たちがなぜ二足動物なのかは簡単には説明できない。この本で私は、この問いが実は二つの部分からなることを示す。私たちの祖先はどうして最初の一歩を踏み出したのかということと、それから、よちよち歩きの人類が、きわめて能率よく長距離を歩いたり走ったりするようになる進化の推進力は何だったのかということだ。最新の研究によれば、最初の一歩は、私たちの祖先のサルが、もう少しのところで手の届かないイチジクなどの餌植物に手を届かせようとして及び腰になった、よたよた歩きにすぎない。ようやっと二足歩行をしていたにすぎないこうしたサルたちは、やがて、エネルギーの探索という果てしないトンネルの向こうに光を見いだした。肉だ。肉といっても、つかまえて生《なま》で食べられる小動物の肉と、大小両方の動物の死骸の肉があった。進取の気性に富む人間は日々を生き抜くために四方八方に散らばって肉を探し求めた。

肉は、タンパク質と脂肪とカロリーの新たな重要な源となった。そのおかげで脳は大きくなることができ、また私たちの認知能力が発達したのかもしれない。肉食がますます重要になってくると、私たちの祖先は新たな生き方を採用し、その結果として類人猿が地球上を支配するようになった。二足歩行をするようになったことが、直接、脳の拡大につながったと一般に理解されているが、実際にはそうではない。二つの出来事の間には数百万年の進化の時間差がある。

ヒトの起原について伝統的な見方は、次のようなものだ。六〇〇万年前に一頭のサルがアフリカの森の快適で安全な暮らしを捨てて、サヴァンナで暮らしはじめた。新しい住みかは、前進をおこなう機会を数多く提供した。そのなかには、古巣にはなかった開けた土地と肉が豊富な食事が含まれていた。サルは、ふだんから直立姿勢で歩く移動方法を発達させた。私たちの祖先は直立姿勢をとったことで、道具、殺した動物の死骸、さらには赤ん坊を運ぶことができるようになった。しかし代償も大きかった。

あらゆる形と大きさの捕食動物が、獲物を探して日夜草原をさまよっていた。最初の人類は、新たな姿勢をとったことで、捕食動物から素早く逃れる方法を失った。初期の人類の生き残りを可能にして、人類に有利に形勢を逆転させた唯一の強みは、急速に膨張する脳だった。ヒトというちっぽけな生物は、知恵だけを武器として何とか生き延び、やがて繁栄して、大きな脳を備えたホモ・サピエンスという子孫を現代に残した。

私たちの祖先が、ねこ背でよたよた歩きをする類人猿に似た生物の段階を経て、ヒトになったというお馴染みのイメージは魅力的だが、このイメージを形づくる要素の一つ一つに疑問が投げかけられている。私たちは完成した状態に向かってゆっくりと進化していったという理解が定着しているが、これは間違っている。動物は何に向かって進化するわけではない。自然選択によって代々形づくられるのだ。それぞれの段階で、動物の形態は、食べたり子供を育てたりということが首尾よくできるように、効率的に設計されていなければならない。さもなければ、その動物の遺伝子は自然選択によって次世代から排除されるだろう。一般の人や科学者が何を言おうが、私たちはサルからの複雑な進化の頂点にいるわけではない。

二足動物は奇妙

直立というのは姿勢として奇妙だし、歩き方としてはさらに奇妙だ。今日地球上にいる二〇〇種を超える霊長類の種のうちで、二足歩行をするのは一つだけだ。四〇〇〇種を超える哺乳動物の種のうちで、完全に二足歩行をするのはやはり一つ、同じ一つだけだ。カンガルーやスリカータ（ミーアカット）のように、そのつど僅かな間だけ二本脚で立つ珍しい動物も少しいる。さらに両生類や爬虫類なども含めて何千種かを考えれば、二本脚で歩くのは歩き方として最もありそうもないものであることがはっきりする。カンガルーや、ダチョウやペンギンのような鳥は二足歩行する。いちおうは。だが、体の設計がまったく異なっており、厳密に言えば脚だけに頼って移動しているのではない。ティラノサウルス・レックスやその親類のような、かつて地球上に存在したがすでに絶滅した動物まで考えれば、二足動物の割合はさらに著しく小さくなる。それに、鳥や恐竜の直立の仕方はヒトとはっきり違っている。おおかたの鳥は尾が硬くて比較的短い。骨盤からはるかに前に重心を置くことで安定を保っている。このように重心が前にあると、上の脚の骨〔大腿骨〕は曲がらざるをえない。ダチョウのように飛ばないことを選択した鳥は、膝の関節を中心に下の脚〔下腿骨〕を回転させることで大股歩きをしている。アロサウルスやヴェロキラプトルのような直立していた恐竜は、骨盤の近くに重心を置くことを選択し、脚を踏みだす間、脚全体を回転させていた。

　直立姿勢と直立歩行が現れた理由は、ヒトの進化で最も根本的な問題だ。そこから重大な謎が生じてくる。たとえば二足歩行はなぜ何度も進化してこなかったのか、また私たちの独特な姿勢と足取りの進化は私たちの大きな脳および並外れた知能と関連しているのかなど。

　この本で私は、人類が、上に進むほど優れている進化の梯子のてっぺんの桟《さん》などでなく、むしろ進化という大木の小枝の一つにすぎないことを強調する。二足歩行の出現を示す化石から、前人類から原人が分かれてきたときにも二足歩行が多様な形で存在したことがわかってきた。たとえば二〇〇〇年に、ケニアの研究者たちは初期人類の化石を発見したと発表した。この研究者たちがケニヤントロプス・プラティオプスと名づけたこの種は、ルーシーの名で広く知られている化石が属するような初期人類と同時代のものだったようだ。この発見まで、私たちの系統樹には幹が一本しかないと信じられていた。またさらに、最近サハラ砂漠で見つかって議論を呼んでいる原始的な化石「トゥマイ」を、ヒト科に属する最も古い種と考える専門家もいる。

化石探しの方面では、今はなんとも忙しい時代だ。およそ五〇〇万年前に、二足歩行ということを繰り返される主題としつつ、幅広い進化の実験がはじまったことを私たちは学んできている。大半は失敗に終わった。枝分かれした系統のなかで現在まで生き残ったのは一つだけだ。私たちの祖先は、心もとない二足歩行者からゆっくり進化して、きちんと二本脚で歩けるようになったものではなかった。見つかってきた証拠から、多様な数多くの種が存在していたこと、そしてそれらは、「原始的な」二足動物から「進歩した」二足動物へと直線的に進む系列をなすものではなかったことが考えられる。私たちは直線的な進歩の考えに取りつかれていたせいで、自分たちがなぜ二足動物になったのかという謎を解くさいに、大きく誤った道に迷い込んでしまったのだ。

今日の私たちの歩き方は、祖先の体に数多くの進化の力が働いた結果だった。現代人の背骨、骨盤、足、手、さらに神経系と循環器系の構造なども、四足歩行から二足歩行への転換の直接の結果だ。ほかにも、化石として保存されていないが、私たちが二本脚で歩くうえで等しく重要な変化が行動に起こった。サルに似た私たちの祖先は、森に住み、木に登り、木の実や葉を食べ、時折肉も食べた。こうしたヒト科動物は森から出てくるとき、狩猟採集戦略、食事、好みの生息環境、道具製作技術を変えた。彼らのつがい作りのシステムと社会生活はわかっていない。ただし推測はかなりの程度までできる。そしてこの祖先から、脳の体積は少し大きいだけだが、歩き方はまったく新しいものが生まれた。この変化にともなって、神経系、循環器系、骨格系の変化、そして食事、狩猟採集、好みの生息環境の変化が起こった。道具作りの技術も変化し、この祖先動物の集団が利用できる資源が拡大した。社会的行動の変化が認知の変化につながったのは間違いない。生まれつつあった人類のこうした新たな側面は、すべて一度にどっと生じたので、どれがどれの原因なのか見極めがむずかしい。それでも、古い証拠に新たな証拠が付け加わるにつれて、私たちが描く祖先の姿はゆっくり変わって、人類をめぐる込み入った謎が明らかになってきた。

私たちがどのようにして二足動物となったかは、私たちがどうやって人間となったかという物語だ。動き回り方が変化すると、私たちがこの世界に占める生態的地位《ニッチ》と私たちの展望、ものの見方も変化した。この物語は、なぜ人類の初期段階についての見方を、直線的な進歩という古くさい観念から、もっと現代的なダーウィン流のとらえ方に移行させなければならないかという論拠にもなる。化石は乏しく、とびとびに離れているので、人類進化の研究をめぐる論争は激しい。この本で私は、ヒトの祖先の科学について、またさまざまな理論が立てられては崩れる動きをもたらす科学の政治、それに人類の祖先についてさまざまな重要な点を明らかにした最近の研究について、その感じの一端を伝えたい。この本の核心にある物語は、まさしくオデッセイ、そして実際に起こったことであるゆえにいっそう信じがたいオデッセイなのだ。

1 最初の一歩

南アフリカ、ウィットウオータースラント大学の解剖学教授レーモンド・ダートは一九二四年のその日、ジレンマに直面した。南アフリカ鉄道の制服を着たがっしりした二人の男が、ヨハネスブルクにあるダート家の私道をこちらに向かって歩いてきた。二人は大きな木の箱を二つ引きずりながら運んでいる。この一週間ダートが今か今かと待っていた大事なご褒美だった。だがタイミングはこのうえなくまずかった。ダートは、箱が運ばれてくるのを寝室の窓から見守っていた。高価なモーニングコートを着ようと悪戦苦闘している最中だった。ダートの客間では同僚が結婚式を挙げようとしていて、教授はその付添い人を頼まれていたのだ。

箱を開けるべきか、着替えを済ませるべきか。ダートは、ごわごわしたカラーをはぎとり、戸口に急いで、箱を受け取った。差出人は、北部のタウングというところにある石灰岩採石場の経営者であるスピアーズ氏だ。熱心な化石収集家だったダートは、スピアーズ氏の商業石灰岩の採石場で面白い化石が見つかったことを、ある地質学者から教えられた。スピアーズ氏は地質学者の頼みを聞いて、ダートに面白い標本を送ってくれたのだ。

同僚の結婚式を優先すべきだという妻の抗議を無視して、ダートはガレージから金てこをもってきて、一方の箱の蓋をこじあけた。そして、がっかりした。入っていたのは、化石になったウミガメの甲羅と卵、そして正体不明の動物の化石化した骨のかけらだ。ダートはもう一方の箱の蓋を取り外しにかかった。地質学者は面白い化石だと請け合っていたし、前の週には、絶滅したヒヒの頭蓋骨の化石を見せてくれたのだ。あれは、このような霊長類の化石として、サハラ以南のアフリカで発見された最初のものだった。こっちの箱にはウミガメの卵よりましな化石が入っているに違いない。果たしてその箱に入っていた埃まみれの物体は、ヒトの起原の証拠として一九二四年の時点で最も重要なものだった。子供の頭骨と下あごがそこには納まっていて、頭骨の構造は明らかに単なるサルのものではなかった。結婚式のあと、ダートは仕事に取りかかり、頭骨を、それが埋まっている岩石の基質から分離した。するとすぐに、自分の手にしているものがサルでなく、ヒトの新種であることがわかった。

タウングで見つかった化石の魅力は、その重要性ばかりでなく標本そのものにもあった。頭蓋の内部も外側と同様に化石化しており、そこには脳の完璧な鋳型が納まっていた。それから数日かけて、ダートが同僚の一人と苦労のすえに頭骨から岩石の基質を取り除くと、子供のような顔と釘のような小さな歯の並ぶ口が現れた。タウングの子供。タウング・チャイルドというあだ名がつけられたこの標本の特徴は、ダートの目に際立って見えた。歯がヒヒやチンパンジーとまったく違っていたのだ。その歯は大きさがかなり揃っていて、明らかに子供のものだった。そして、顔は現生人類に似ていた。目の上の隆起がなかったし、サルのように口元が突き出ていなかった。

数週間のうちにダートは権威ある科学雑誌『ネーチャー』に原稿を送った。この小さな頭蓋骨とあごの骨をアウストラロピテクス・アフリカヌス命名した。「南アフリカの猿人」という意味だ。タウング・チャイルドはヒトであり、言語能力も含めヒトの能力を備えていたと強く主張した。そして、論評と賞賛がどっと舞い込んでくるのを待った。

ダートの報告が発表されてまもない一九二五年二月に出た『ネーチャー』の特集では、この発見についてイギリスの学者四人が論評していた。『ネーチャー』はロンドンで発行されており、その審査委員会はおもにイギリスの著名な学者で構成されていた。四人ともダートが並外れた霊長類を発見したことを賞賛したが、それがヒトだというダートの主張には懐疑的だった。大英博物館のサー・アーサー・キースは、子供のサルの頭骨は大人のサルの場合よりヒトに似る傾向があると指摘し、タウング・チャイルドを理由としてわれわれの系統樹を修正しないようにと、学界に警告を発した（キースは後に、タウング・チャイルドはヒトであるというダートの主張は根拠がないと、そっけなく述べた）。ロンドンのユニヴァーシティ・カレッジでダートを教えて解剖学の道に進ませたグラフトン・エリオット・スミスも、タウング・チャイルドをヒトだと思い込まないように警告を発した。やはり大英博物館の学者であるサー・アーサー・スミス・ウッドワードは、ヒトの起原はアフリカでなくてアジアにあったという自分の見方はタウングの化石によって変わらないと述べた。

タウング・チャイルドの本当の意義を世の中が受け入れるのには時間が掛かることを、レーモンド・ダートは認識していなかった。ダート以外に誰もその化石を調べておらず、最果ての地で仕事をしている有名でもないこの解剖学者がこんなに急いで結論を発表したのは早とちりだったと学界はとらえた。

ダートの報告は『ネーチャー』に載る前にある新聞に載った。キースと仲間たちは、これが倫理的に正当なことかどうか疑わしいと考えた。また、この人たちがダートの結論を斥けた背景には、少なからずヨーロッパ中心の人種主義もあった。二〇世紀はじめ、初期人類の化石はあまり見つかっておらず、見つかっていたものはヨーロッパ大陸か極東のものだった。どの国の領土で最も古いヒトの化石が出土するかに、強い文化的・民族国家的誇りがかかっていた。イギリスはその名誉を切望していた。初期のヒトがもしイギリス人でなかったら、ドイツ人かもしれずフランス人かもしれない。どちらもイギリスの科学界にとって面白いことではない。ヨーロッパ人はアフリカを、肌が黒く技術的に遅れた人々が住むところと見なしていて、そんなアフリカにヒトの起原が見つかるはずはないと思ったのだ。

ダートの主張が懐疑的に見られた理由は標本そのものにもあった。タウング・チャイルドは脳容積はサルと同じくらいあり、直立歩行をしたとダートの論文ははっきり述べた。これは当時の正統学説と矛盾した。これより三四年前に、化石ハンターでもあったオランダの若い学者が困難をものともせず、最初のホモ・エレクトゥスの頭骨を見つけていた。その学者ユージーン・デュボアは医学の学位を得ていたが、早くから化石に取りつかれていた。解剖学の道に進んだものの、ヒトの起原を探究するために大学でのポストを捨て、軍医としてオランダ領東インド諸島のジャワ島に渡った。ジャワは地球上で、ヒトの化石を最も探すべきでない場所であり、それが最も見つかりそうもない場所のはずだった。多くの人がアジアを人類の揺籃の地と信じていたが、そうでないことが今ではわかってきたのだ。それにインドネシアの熱帯の湿気のせいで、化石が保存されている可能性は小さいだろう。だがデュボアはわが道を行くというところがあり、変人と言っていいほどで、それが幸いした。

デュボアは一八八八年にインドネシアに着くと、まもなく余暇をすべて化石探しに費やし、人を雇って化石探しをやらせるのに余分な金をすべて注ぎこむようになった。やがて休暇をもらい、作業員のチームを引きつれて、化石探しに向かった。スマトラで化石探しをはじめたが、場所をジャワに移し、何ヵ月も成果を見ないまま悪戦苦闘をつづけた。そしてある日、デュボアのチームは、トリニルという村の近く、ソロ川の岸で獲物を見つけた。泥のなかからまず頭部の骨、それからほかの骨を掘り出したのだ。すべてが際立って新しく見えた。脚の骨は、その化石が完全にまっすぐ立っていたことを示しており、そのことからデュボアはこの種をアントロピテクス・エレクトゥスと名づけた［erectusは「直立」］（前半の「属名」はのちにピテカントロプス、さらにホモに変えられる）。

翌一八九二年、デュボアは自分の見つけたものを世間に発表した。ジャワ原人と呼ばれるようになるこの化石は、古代文明のかなりの部分にとって揺籃の地だった東洋にヒトのルーツがあるという見方を裏付けているように思われた。頭骨は私たちとそっくりというわけではなかった。てっぺんが平らで、額は狭く、傾斜しており、外見はたくましく、粗野な感じさえした。だがサルというよりヒトらしいのは明らかで、人類の過去を知る鍵の候補として、それまでに見つかったなかで最も見込みの大きいものだった。

デュボアも問題に突き当った。当初、この化石が人類のものだという主張を受け入れる学者は少なかった。デュボアと作業員たちは、この化石を記録するにあたって少し杜撰なところがあり、批判者はその点をとらえて、ジャワ原人がミッシング・リンクだという考えを嘲笑した。人類化石の研究者としてのデュボアの素養、というかその欠如を問題にした。ナショナリズムも役割を演じた。フランス、イギリス、ドイツの科学者は、この発見と発見者の評判をすぐに斥けた。ダートと同じくデュボアも、しかるべき用心をせずに結論をすぐ発表してしまった。自分の研究を支持してくれる科学者がいないのを見て、デュボアは世間を呪い、論争から身を引いてしまった。ドイツのグスタフ・シュヴァルベは、この頭骨の鋳型を手に入れ、これについて長たらしい研究論文を書いた。これは議論を呼んだデュボアの解釈を支持していたが、デュボワ本人の影を薄くするものでもあった。この頭骨の発見はデュボアの敗北に終わった。彼の仕事はそれから一〇年間、拒絶と嘲笑にしか出会わず、彼の見つけた骨は二〇世紀前半のかなりの部分にわたって秘密でありつづけた。デュボアの家にしまいこまれ、ほかの学者には調査できなかった。デュボアは齢をとるにつれて世捨て人となり、化石のことで話を聞きたいと訪れる人があっても、会わずに断わった。

最初の人間は大きな脳をもち、四つ足で歩いた——森のなかを歩き回る、あたまのいいゴリラかチンパンジーだった——という見方は、ヨーロッパの学界に深く根ざしていた。一九一一年にイギリスのピルトダウンという砂利採取場で頭骨の化石が見つかったことで、この説は後押しを受けた。ヒトの祖先は大きな脳を備えていた可能性が最も大きいと当時の科学者は考えていたが、アマチュア化石収集家のチャールズ・ドーソンが見つけたピルトダウン人は、まさにそういう祖先像を体現していたし、そのうえイギリスの国土から掘り出されたのだ。

ピルトダウン人は二〇世紀前半を通して、どの学者がつくる人類の系統樹でも最高位を占めていた。当初、頭骨とあごの骨が同じ生物のものではない可能性があることに、専門家たちは仰天した。だが、一九一七年、さらに断片が発見され、あごの骨と頭蓋骨が完璧につながった。二〇年の間、ヒトの起原をめぐる発見は、タウング・チャイルドを含めて、ことごとくピルトダウン人に照らして解釈された。サー・アーサー・キースは、イギリスの科学者の間でピルトダウン人の重要性を宣伝するのに主要な役割を演じ、ジャワ原人とピルトダウン人を結ぶ進化の線によって、サルに似た人間と、のちにイギリスに現れる人間がつながるという考えを広めた。

やがて、アフリカが人類揺籃の地であり、そこで生まれたのが二足歩行のチンパンジーのような動物であることを指し示す化石がどんどん見つかってくるなかで、ピルトダウン人は異常なものと見られるようになった。世紀の半ばまでに、ピルトダウン人がまさにそこで見つかったというのはおかしいということが明らかになってきた。そして、化石の年代を測定する化学的方法が考案され、ピルトダウン人の正体が暴かれた。あごはオランウータンのあごの骨から頭蓋と接合する部分を巧みに取り去ったもので、頭蓋の方は現生人類のものだった。頭のいいいたずら者が、現代のオランウータンの骨の断片を古代のものらしく見えるように汚して、ヒトの骨の断片の間に置いたのだ。駄目押しに、いろいろな太古の動物の骨の化石もそこに散りばめられた。犯人は誰とも証明されていない。発見者であるドーソンと、アマチュア考古学者でもあった神学者で哲学者のピエール・テイヤール＝ド＝シャルダンに長いこと疑いがかけられていた。シャーロック・ホームズの作者として名高いサー・アーサー・コナン・ドイルが犯人だという説すらあった。ドイルは知識人にして科学者のつもりでいたが、ドイルを単なる小説家としか見なかった科学界からばかにされていると長らく感じていた。誰が犯人だったにせよ、ピルトダウン人は素早く万人に受け入れられた。先入観がそれだけ強かったからだ。一般大衆だけでなくキース自身がまんまと引っかかってしまったのである。

この悪名高いでっちあげの話は何度も語られているが、レーモンド・ダートが見つけたタウング・チャイルドが、私たちがどのようにヒトになったかについての本当の証拠を理解する鍵だったにもかかわらず、なぜ長年受け入れられなかったのか、この話からよくわかる。ダートの主張の正しさはやがて証明された。一九三〇年代に南アフリカで、アウストラロピテクス属の猿人の化石がさらに出土したのだ。そのなかには、ダートの友人でまた同僚、スコットランドの医者で化石ハンターのロバート・ブルームが掘り出したものが多かった。ダートは一九八八年まで生きていたが、政治的には強力な学界の敵たちの偏狭で旧弊な考えに対して、ひるむことはなかった。一九六〇年代に科学者たちはついに、アフリカが沈滞した場所でなく太古のヒトの活動の中心だったことを認めた。ダートはやがてタウング・チャイルドと初期人類についての本を書き、ダートの考えにもとづいて一九六〇年代、七〇年代にロバート・アードレーが一連のベストセラーを書いた。

一九八〇年代半ばに大学院で勉強をはじめようとしていた私は、ニューヨークの米国自然史博物館で催された「祖先」展示を初日に見に行った。最も重要なヒトの化石の数々——古代世界の宝物——が、はじめて一か所に集められて一般公開されたのだ。学部学生として私は、ダートが自分の主張を世間に認めさせようと一生にわたって努力した話を読んでいたし、タウング・チャイルドの頭骨の写真を見たこともあった。博物館の大講堂で、これまたかなり年代ものの小柄な男性がゆっくり立ち上がった。聴衆からの万雷の拍手喝采を受け入れるために。当時九〇代だったレーモンド・ダートは、とっくに認められていなければならなかった功績を認める賞賛を受け入れた。

進化について私たちが抱く考えのおおもとを見つけたいと思ったとき、私たちはチャールズ・ダーウィンに目を向ける。かつてアリストテレスは人間を翼のない二足動物と呼び、直立歩行を、おもに人間の独自性のもっと高尚な側面である道徳性などと対比して、「あの最も基本的な習性」と呼んだものだが、ダーウィンの著作は、直立姿勢について書かれたアリストテレス以来最初の説得力のある著作物だった。

ダーウィンは、自然選択によって生物が進化するという理論の基礎を築いたばかりでなく、人類の起原について詳細に書いている。一八七一年にはこう書いている。「二本足でしっかり立ち、手と腕を自由にするのが人にとって利点であるなら、より直立あるいは二足歩行に近い姿勢をとるようになるのが、ヒトの祖先にとって利点でなかったという理由は思いつかない」。

ダーウィンは人らしさの基準としてのその脳に注目した。脳、二足歩行、道具の使用は密接につながっていると考えていた。直立すると、新たに自由になった手で道具をつくり使うことができるようになり、そうなると、こうして巧みな職人になったことが進化のうえで有利になったと結論づけた。そこから人類にさまざまな変化が次々に起こった。まっすぐ立つと、道具だけでなく武器の発明も可能になっただろう。初期の人類は肉を引き裂くのに立派な犬歯を使ったが、武器を用いることで、より小さな歯でも肉が噛めるようになっただろう。この変化によって、あごの筋肉、そしてあごそのものも小さくなり、ヒトの頭骨が今日の形になったとダーウィンは論じた。ただし二足歩行と道具の使用と脳の膨張が数百万年にわたる進化で隔てられていたことは知るよしもなかった。当時、化石はほとんど皆無だったし、化石の年代を確定するのは不可能だった。

人類の起原の現実の証拠に関しては、ダーウィンにはほとんど何も知られていなかったことを理解しておかなければならない。遺伝子も知られていなかった。利用できる土台となる研究成果は乏しかった。それでもダーウィンは、ヒトがどのように進化したかというパズルを慎重な推論と鮮やかな洞察で組み立てていった。同時代人には、脳容量は知能に対応しているという考え――頭蓋計測という古い人種主義的な擬似科学――を受け入れている者が多かったが、現生人類に関して脳容量から知能が予測されるという観念をダーウィンは完全に斥けた。ダーウィンはこう指摘した。ネアンデルタール人――当時知られていたただ一つの初期人類――は現生人類より頭蓋が大きく、したがって脳が大きかった。したがって、少しばかり脳が大きくなり、脳の組織が複雑になったからといって、必ずしも完全に現代的な人間ができるものではないとダーウィンは推論した。

ドイツの名高い進化論者エルンスト・ヘッケルは、直立歩行の方が脳の拡大より基本的な適応だというダーウィンの考えに賛成し、この考えを断固として主張した。ヘッケルは、まだ見つかっていないが理論上想定されるヒトの祖先をピテカントロプス・アラルス(「言葉を話さない猿人」)と命名した。のちにデュボアがジャワ原人の呼び名として前半部を採り入れた。この原人の名前は、その後ホモ・エレクトゥスに修正されてしまったが。

ダーウィンが二足歩行について主張を述べてから五年後、社会理論家でありカール・マルクスの盟友だったフリードリヒ・エンゲルスが、まっすぐ立つことと人となることとの本質的な関連について詳細に書いた。マルクスは人間とほかの動物の連続性を強調したが(マルクスは『資本論』をダーウィンに献呈することもちょっと考えたが、ダーウィンに喜んではもらえなかった）、エンゲルスは大きな断絶を探し、労働の概念にそれを見いだした。「サル（類人猿）から人への移行において労働が果たした役割」（一八九六年）のなかで、初期人類は他の動物がはじめた過程を延長したのだと書いている。私たちの祖先は、体の部分を武器や道具として用いるのでなしに、自分の身体の延長として道具を創造したのだ。直立によって、こうした革新が可能になったとエンゲルスは書いた。

実はエンゲルスは、この変化が起こった時期についてはダーウィンよりいい線を行っていた。最新の放射年代測定法を用いると、ヒトの脳の急速な膨張がはじまったのは、二足歩行が現れてから数百万年もあと、石器が用いられた最初の証拠が現れてからずっとあとのことだとわかる。だがたいていの進化思想家は、人類が形づくられるうえで脳が果たした役割の重要性のみに注目した。一九世紀はじめの名高い発生学者カール・フォン・ベアーから、二〇世紀イギリスの大解剖学者グラフトン・エリオット・スミスまで、進化に関しては脳が鍵であるようだった。人類の起原について理論を組み立てようとしている学者のおおかたが脳に目を向けるのは当然に思われる。何と言っても、脳は認知、言語そのほか、人であることと結びついている多くのことの中枢なのだ。

この見方は、ドラマ仕立てやお話に夢中になる私たちの心に訴えかけるというだけの理由から、ほかの説よりも注目されつづけるかもしれない。大きな脳を備え、知恵のみを武器とする二足動物の物語には、たまらない魅力があると、ハーヴァード医学大学のミーシャ・ランダウは言う。この物語では、私たちの祖先は大きな闇の力――野蛮な捕食者、危険な獲物、厳しい気候――を征服した英雄として描かれる。まだ世界にうまくなじまないダヴィデが逆境をものともせず、巨人ゴリアテの群れを打ち負かして生き延びたというわけだ。

しかし実のところ、肉体的にも知的にもきわめて能力が高かったのでないかぎり、初期のヒト科の動物が何百万年も世代を重ねることはなかっただろう。アウストラロピテクス属の猿人は、私たちが進化に関する神話のなかで思い描くような足を引きずって歩く無防備の生物などではなく、むしろ私が今研究しているチンパンジーによく似ていたにちがいない。いろんな生息環境、気候、食物条件に適応できるたくましい動物だ。アウストラロピテクス属の猿人は山登りや長距離を歩くのが得意だったかもしれず、おそらく集団で協力しあっていただろう。これに加えてさらに、岩を投げるとか棒を振り回すといった技能がほんのいくつかあれば、鋭い歯をもつどんな肉食動物にもおとらず効果的に獲物からライオンを追い払うことができる。

二足歩行をするとはどういうことかについての理解は、二〇世紀のはじめまで本当のところは前進しなかった。サー・アーサー・キースは、ピルトダウン論争に飛び込む一〇年前の一九〇三年に、人類の解剖学的起原について自説を述べた大著を出版した。キースは、野生霊長類を解剖して体の構造と機能の関係を研究した学者たちの伝統にしたがった。研究をもとにして、ヒトの起原について当時としては際立って厳密で現代的な見方を提示した。キースにしたがった人々もそうだったが、東南アジアのテナガザルの解剖学的構造と行動に大きな重要性を見いだした。テナガザルのように木の上に住んで、手で木にぶらさがり体を振って移動する四本脚のサルから始まって数段階を経る、直立姿勢への進化の理論を唱えた。

テナガザルは大型類人猿ではない——解剖学的構造のわずかな違いから小型類人猿と呼ばれるグルー

プに格下げされてしまっている——が、私たちの最も近い親戚に数えられる。胸が樽のような形で、脳が大きく、尻尾がなく、肩の構造は上腕が三六〇度回転するようになっている。この最後の特徴はサルの基本的な目印だ。テナガザルにこの特徴があること、そして、ほかの点でさらに原始的な解剖学的構造から、キースも、彼に続いた人たちの多くも、この小さくて優雅なサルを、いかにして四足動物が二足動物に進化しうるかの最高の例と考えた。

私は、野生のテナガザルを観察する機会が一度だけあった。一九八〇年代にバングラデシュの森でほかの霊長類の研究をしたときのことだ。夜が明けるとともに、遠くからホーホーという声が聞こえてきた。フーロックというテナガザルの家族どうしが森のなかで何マイルも隔てて呼び交わしているのだ。こうしてあたりに響きわたるような形で縄張りを主張しあうだけでは足りないかのように、このサルたちは、このうえなくうまくターザン式に木から木へと飛び移った。頭上でサルたちが飛び回っているのを見るのは、頸にはきついが、目には心地よかった。自然選択が創造しうる驚異だ。しかしこの腕振り(アーム・スウィンギング)は、実は速く移動するというより、木の枝にぶらさがって食物を食べるための適応だ。テナガザルは枝にぶらさがって、枝の細い先に実っている果実に優美な長い腕を伸ばすことができる。同じ肩の構造は、二足歩行以前の私たちの最も古い祖先の樹上生活でも役に立ったと多くの解剖学者が考えている。

しかしキースが正しければ、進化は興味深い方向転換を遂げたかもしれない。キースによれば、腕で木にぶらさがるアーム・ハンギングはヒトとサルに共通する重要な特徴で、二足歩行以前の最後のサルは自他ともに許す腕使い動物だった。アーム・ハンギングをするサルから二足歩行をするヒト科の種への移行には、下肢の変化が必要なだけだった。樹上生活をしていたことで、私たちの祖先のサルが地上で二足歩行をするようになるのが容易だったかもしれない。キースは二〇世紀の最初の三〇年を通してテナガザル・モデルを熱心に提唱しつづけた。キースら少数の学者は、最も古いヒト科の種に見られると考えた解剖構造上の適応を今日のテナガザルに見て取った。そのヒト科の種は、チンパンジーのような地上を歩く大型のサルというよりアーム・スウィンギングをする生物だっただろうという。

ある進化論者のオールスター・チームがテナガザル派に反対した。反対はおもに、ある明白な事実を重視する根強い考えにもとづいていた。その事実とは、チンパンジーとゴリラの方が解剖学的構造の面でも行動面でもヒトによく似ているということだった。二足歩行のはじまりについての手がかりは、むしろ大型類人猿に見いだされる見込みのほうが大きいと、この専門家たちは結論づけた。フランスの大解剖学者でネアンデルタール人を記述したマルセル・ブールから、米国の古生物学者ヘンリー・フェアフィールド・オズボーンまで、いろいろな学者が、二足歩行の起原についてチンパンジー・モデルを支持した。チンパンジーは「ナックルウォーク（こぶし歩き）」をする。前半身の重みを握った手の指にかけるのだ。そうして、四足歩行を修正したようなおかしな歩き方をする。これによって、地上で生活しながら普通の四足歩行をやや上の段階に進んだ。大きな体、それにともなう体重、ナックルウォークのせいで、サルが木から降りざるをなくなったのかもしれない。こうした考えと、私たちがチンパンジーに似ていることの組み合わせは、ナックルウォーク派の進化論者にとって説得力のある論拠となった。この学派はよくチンパンジーの学名であるパン・トログロディテスにちなんで「トログロディティアン［troglodyte＝穴居人、隠遁者の意味にかけて戯れたあだ名］」と呼ばれた。

隠遁者であることは、ほかの状況では望ましいことと思われないかもしれないが、学界のこの状況では強く支持されている見方となった。ナックルウォーク・モデルは二〇世紀半ばまで学界を支配しつづけた。イギリスの解剖学者ウィリアム・ル・グロ・クラークがこのモデルを採用し、教育と例示によってほかの人々を説得し、従わせた。やがてキース自身もアーム・ハンギング・モデル（ぶら下がりモデル）を捨て、ナックルウォーク・モデルを支持した。

一九四〇年代には、情熱に燃える若い人類学者で解剖学者だったシャーウッド・ウォシュバーンが論争に加わった。ウォシュバーンは、ハーヴァードのアーネスト・フートンのもとで学んでいたとき、ナックルウォーク・モデル寄りの見方をするようになった。一九三〇年代の大学院生時代に、野生霊長類を探す東南アジアへの最後の大遠征に下っ端の助手として参加しながら、考えを研ぎ澄ましていた。監督者たちは野生霊長類の行動についてもっと知りたがったし（フートンは、ピグミー・チンパンジーであるボノボを最初に科学的に記述した）、霊長類の体が野生状態でどう機能するのかについてもっと知りたがった。その情報を利用して、ヒトと類人猿の解剖学的構造の相違を理解しようと思っていたからだ。

ウォシュバーンの目標は、霊長類の体が熱帯雨林での暮らしにどのように適応しているかを、その場で解剖をすることによって理解することだった。タイ人の助手たちは毎日、撃ち殺したテナガザルの死骸を一〇体ほどキャンプに運んできた（当時、調査のためにサルを撃ち殺すのは認められていた）。するとウォシュバーンはサルの死骸を切り開いて、肩の関節と手と足を調べた。キャンプで解剖するというのは、今日の基準から見るとぞっとすることだが、ウォシュバーンはこれによって、それまで霊長類の進化を研究したどの研究者よりも霊長類の体の機能的側面をよく理解できた。たとえばテナガザルは肩が三六〇度回転するおかげで、樹冠が織りなす天蓋のなかを飛び回るとき、切れ目なく腕を振り回しつづけられることに気づいた。こうしてフィールドワークと、切れる頭と、新しい分野を総合する才覚によって、第一級の進化人類学者になった。ナックルウォーク説に立って猛烈に研究をおこない、ヒトの起原についてナックルウォーク説の最も著名な提唱者となった。一般的なサルの解剖学的構造のうちに、自然選択によってちょっといじれば容易に直立姿勢に移行するような生物を見て取った。私たちの直接の祖先である先行人類は、ナックルウォークによって道具などのものを運んだり、移動したりしたにちがいないと見た。彼はナックルウォーク説の旗手となったばかりでなく、現代進化人類学の重鎮となった。機能解剖学、遺伝学、生態学といった科学分野を融合させることによって、一九五〇年代、六〇年代に実質的に、新たな科学分野を創造した。その分野とは、自然人類学あるいは生物人類学だ。ウォシュバーンが自らの世界観で教育した何十人もの学生が、初期のヒトの行動を理解するためにサルを研究する最初の人類学者たちとなった。

それでも、私たちの起原をめぐる論争はつづいてきた。ウォシュバーンは、化石ナックルウォーカーの証拠が見つかることを強く期待したが、ほかの著名な科学者たちは、私たちの祖先がナックルウォークをしていた証拠をあまり見いださなかった。たとえばウォシュバーンの教え子で、今ではシカゴ大学の著名な人類学者であるラッセル・タトルは、一九六〇年代にさまざまな種の類人猿の手について詳細な研究をおこなったが、ナックルウォーク説を裏付ける証拠をあまり見いだせなかった。それで、ヒトの祖先は木登りと、腕によるぶらさがりをおこなっていたと強く主張している。

地上で暮らしながら木にも登るサルが私たちすべての母かどうかは、おそろしく遠い学問上の問題に思われるかもしれない。しかしこれは、多くのことがかかっている大問題なのだ。私たちの祖先がどのように暮らしていたかわかれば、私たちの現在と過去について理解が深まる。ヒトの起原と二足歩行の出現をめぐる論争が、興味をそそるが謎も多い化石の数々の発見と解釈をめぐって闘わされてきたが、ヒトの二足歩行の起原について私たちがもつ理解には、ぽっかりと穴が開いたままだ。謎を解くには、まず、サルがどのように暮らし移動したのかを理解しなければならない。

2

こぶしで歩く

焼けつくように暑い。金色の草は焦げたような匂いがして、頭上のヤシの葉はだらりと垂れ下がり、私は交通渋滞に引っ掛かってしまっている。タンザニアの、草におおわれた丘を曲がりくねって走る舗装されていない細い道を進んでいる。交通渋滞とは、食料を探すチンパンジーの一団が、前方に一列につらなって、丘の斜面の高いところに生えている果樹の木立ちに向かって進んでいるのだ。斜面は険しく、最後のチンパンジーの後ろを登る私の顔はサルの尻と同じ高さにある。尾根に着く頃には、私はハーハー言っていて、サルたちが止まって一休みするよう祈る。サルたちが再び上に向かうか、違うルートをとって頂上を目指せば、見失ってしまうと知っているので。丘の頂上に着くと、ほっとしたことに、チンパンジーはウアパカ（ソナ）をむさぼり食っている。高い尾根にしか実らない果物だ。そこに着くまでには彼らも、それを追う研究者も、長い道のりを歩かなければならない。これは毎年、長い乾期のあとウアパカが熟す頃に決まっておこなわれている。私たちはボールド・ソコという丘の頂上に座っている。ジェーン・グドールがここゴンベ国立公園で調査をはじめてまもない頃にこう名づけられた。はげかかったチンパンジーに似ていると研究者たちが考えたからだ［bald＝禿げた］。

一時間にわたる食事が終わった頃には私も息づかいが元に戻って、遠くに小さく見える紺碧のタンガニーカ湖の絶景を楽しんでいたが、そこでチンパンジーたちは再び動き出す。人間がつくった道など無視して、鬱蒼とした潅木の茂みを体の前部で優雅にかきわけて、南に向かう。とげのある木の茂みをサルは無傷で通り抜けられるらしいが、私はすぐに引っ掛かってしまう。

真昼までに私たちは三・二キロほど歩く。これはチンパンジーが一日に移動する距離としてはたいへんなものに思える。チンパンジーについていこうとする研究者にとっては有り難くない話だ。チンパンジーたちは、後ろからついて歩く私と同じくらいのペースでナックルウォークする。違いは、ひどく険しい斜面を登るとき、私はゆっくりはいのぼる格好になってしまうのに、チンパンジーはペースを変えないことだ。またチンパンジーは、一日か二日このように長距離を歩くと、普通一日か二日の間は、ほんの少ししか歩かない。次の木を見つけようとしてエネルギーを費やすよりも一本の果樹にしばらくとどまるのだ。これは、何キロもナックルで歩くのに問題があるせいだと私は考える。直立歩行者としての私の不利な点は、背が数十センチ高すぎて、とげのある潅木の茂みを楽に通り抜けられないことだ。

午後遅くにはチンパンジーは縄張りの南端に達する。その向こうには南のチンパンジーの群れの縄張りが広がっている。ここは、どのチンパンジーのものでもない土地で、どちらの群れも自分たちのものだと主張している場所だ。つまり、いつ待ち伏せ攻撃が起こるかわからないということである。だが一列になった雄たちを先頭に、チンパンジーたちは進みつづける。私の推定では夜明けから八キロ近く歩いてきたはずだ。チンパンジーたちは、やがてタンガニーカの湖畔に着き、回れ右をして、縄張りに戻り、五キロ以上の道のりを旅して寝床に就く。

アフリカの多くの森でチンパンジーとゴリラは毎日何キロも歩き、そのやり方は似通っている。片腕を体のずっと前のほうに伸ばして体を引っ張ると同時に、短い脚で体を押し上げて山を登る。その姿を見ていると、大型類人猿がどのように移動するかが理解できる。木にぶらさがって体を振り、木から木へと飛び移るという、広まっているイメージとはかけ離れている。また彼らを見ていると、化石だけを研究する場合より、人類のつつましいルーツをはるかによく理解できる。

尾のあるサルであるモンキーと尾のないサルであるエープ（類人猿）の間で、ボディープランつまり体のつくりの基本設計図が根本的に違っている点の一つは、可能な運動の範囲にある。モンキーは木から木へと「ましらのごとく」飛び移るというイメージがあるが、実際にはそんなことはしない。四本脚で木の枝の上を駆け回り、樹冠の枝と枝の間を飛ぶのだ。ヒヒのようにかなりの時間を地上で過ごす尾のあるサルは、同じ技を使って、平らな地面を何時間も歩いたり走ったりする。ヒヒやサバンナモンキー（「ミドリザル」）の骨格を見れば、背面のすべての部分でイヌかネコに明らかに似ているのが見て取れる。胴と肋骨は深くて細く、肩甲骨が甲冑《かっちゅう》の一部のように上腕部をおおっている。そしてエープと違って、モンキーは手足の裏を地面につけて歩く。

類人猿（エープ）のボディープランはまったく違っている。肋骨は樽形で、肩甲骨は腕の後ろに押しやられ、肩の後ろに平らについている。それゆえ肩の邪魔にならない。上腕骨が肩と出会うところでは、複雑な関節と靭帯のおかげで腕は三六〇度回転する。現代の類人猿はどれも三六〇度回転する肩を備えており、そのおかげで木にぶらさがる腕を持ち変えながら体を振り、木から木へと移ることができる。

雌のチンパンジーが娘を背負ってナックルウォークしている。

比較的大きな脳、がっしりした胸、尾がないこととともに、以上のことで類人猿は尾のあるサルと区別される。類人猿は多くの点で、ヒトとの違いより尾のあるサルとの違いのほうが大きい。英語圏でもエープと呼ぶべき類人猿のことをよく何気《なにげ》なくモンキーと呼ぶが、これは侮辱だ。人間であるあなたの友人を類人猿と呼ぶよりはるかにひどい。私たちの祖先である類人猿が獲得した回転する肩のおかげで体操選手は鉄棒にぶらさがって回転できるし、大リーグの名投手ロジャー・クレメンスは時速一五〇キロの速球を投げることができた。マンガで描かれるのと違って、回転する肩は、おもに木から木へと飛び移るためのものではない。むしろ、木の枝にぶらさがるためのものだ。これができると役に立つ。たいていの果物は樹冠の小さな枝の先で最初に熟すからだ。腹を空かせたサルが下から枝を登っていったら、枝は、たわみはしても折れることはなく、サルは獲物に手が届く。

しかしたいていの類人猿は、木の上を飛び回って過ごす時間が比較的少ない。アフリカの三種の類人猿であるチンパンジー、ボノボ、ゴリラは、森の地面をナックルウォークして移動する。ゴリラは体の前半身を尻と後半身よりかなり高くし、その重みをがっしりした肩と腕にかけて立つ。手は地面に置き、指を四本手のひらの下に丸めている。手のなかで唯一、地面と接する部分は、第二関節だ。ナックルウォークの最中にくずおれたり、腕と脚を広げすぎてしまったりするのを防ぐために、類人猿の前腕の橈《とう》骨の手首側の端には隆起があって、手首の関節がある程度以上は曲がらず、ナックルウォークをしている間、手が安定するようになっている。

祖先たる類人猿

類人猿は常にナックルウォークしていたわけではない。最初の類人猿が地球上に現れたのは、およそ二〇〇〇万年前に世界中が乾燥し、寒冷化する傾向にあるなかでアフリカの森林が後退しはじめた頃だ。東アフリカの広大なサヴァンナが、熱帯雨林に切り込みはじめた。類人猿は急速に多くの生態学的地位《ニチェ》に分かれ、たちまち彼らの競争相手であるモンキーを屈服させた。一八〇〇万年前のアフリカの森を歩き回ったら、そこにいる霊長類は、今日同じ場所に見られる霊長類と劇的に違った姿をしていただろう。当時はエープの黄金時代だった。多様で、広範な太古の生息環境に棲み、モンキーの数を劇的にしのいでいた。

しかしこうした霊長類は、類人猿とわからないかもしれない。体重が一キロ前後しかないものもあっただろう。最も古い類人猿はナックルウォークもせず、腕で木にぶらさがりもしなかった。尾のあるサルと同じように手足の裏を地面につけて歩いていた。二〇〇〇万年近くにわたる自然選択で、相当大きな変化がボディープラン、重要な関節、靭帯に起こった。内臓にも起こったかもしれない。科学者は類人猿の歯の化石を利用して、現代のチンパンジーやゴリラの祖先であるこうしたサルの正体を特定しようとする。アフリカとアジアのモンキーは歯のパターンが同じだ。それぞれの臼歯に、平行な高い隆起が一対ある。これは、こうした類人猿にしか見られない特徴だ。丈夫な広葉植物を噛み切るためのものかもしれない。ある絶滅した類人猿の臼歯には、こうした隆起がない。現代の類人猿の――あるいは、みなさんや私の――歯によく似ている。歯科医が歯尖・咬頭と呼ぶ隆起が五つあり、Y字形の溝で結ばれている。これは、手足がどんな形をしているかにかかわらず、どんな類人猿にも必ず見られる特徴だ。最初期のいわゆる「歯《デンタル》によるエープ」は、モンキーと同じように手足の裏を地面につけて歩いた。

ナックルウォークは一度だけ出現し、さまざまな大型類人猿の祖先の歩き方となった。異論を唱える者の少ないこの「一度だけ」仮説は、よくオッカムの法則と呼ばれる、節約の法則にもとづいている。二足歩行は動物の解剖学的構造にめったに見られない特徴なので、同じ系統に独立に二度出現する可能性は、家に雷が二度落ちる可能性と同じくらいでしかない。関連のある生物の化石が多数あって、どれも直立姿勢の形跡を示していたら、その類似性は、同じことが繰り返し発明された結果ではなく、同じ進化の結果だと考えるのが筋だ。もちろん一度雷に打たれた家に住んでいても、雷雨のときは、今の論理では安心できない。それぞれの雷雨も、それぞれの進化の一こまも独自のものだから。そんなことはないと安心させてくれるのは、呪術的な思考にすぎないだろう。オレオピテクスは、そのような第二の落雷だったかもしれない。これについてはあとで論じる。

　最もよく知られている「歯による」類人猿はプロコンスルだ。レーモンド・ダートがタウング坊やを発見した三年後にケニアで見つかった。名前は、当時、芸をやるチンパンジーによくある名前だったコンスルからきている。プロコンスルは実は似通ったいくつかの種のグループで、二七〇〇万年前から一七〇〇万年前までの間にアフリカの森で樹上生活をおくっていた中くらいの大きさの類人猿だ。ほかの「歯による」類人猿と同じく、あまり類人猿《エープ》らしい姿をしていなかった。プロコンスルが動物園の檻のなかを駆け回るのを見ることができたとしたら、モンキーと間違えるだろう。プロコンスルはナックルウォークしなかったし、現代のチンパンジーほど木登りが得意でなかった。最近までプロコンスルは私たちの進化史のなかで、先駆者としての位置を占めていた。類人猿とヒトの最後の共通祖先と考えられていたのだ。

一九三二年、ヒトの揺籃の地だとダートらが主張しはじめていたアフリカから遠く離れたところで、ジョージ・エドワード・ルイスというエール大学の大学院生がヒトの化石を探していた。ルイスは、イギリス領インド北部、今日のパキスタンの丘陵地帯で調査をしていた。そして、たいへん原始的な猿人の上あごのかけらを見つけた（実はルイスは地元の化石販売人からその上あごを買ったのだという者もいる）。その上あごには歯がいくらか残っており、すべて小さめで、臼歯のエナメル質は厚かった。およそ一五〇〇万年前のものと考えられた。ルイスはこの標本にラマピテクスという名誉ある名前をつけた。ヒンドゥーの叙事詩ラーマーヤナの英雄にちなんだ名前だ。

われわれ人間の肩も、この写真のエープ（類人猿）がやっているようなことができる。この写真では、片方の腕で枝にぶら下がりながら、空いたほうの手で餌を取っている。

この化石については、有難くない解釈がなされてきた。ルイスはこの骨のかけらをヒト科のものと解釈して、同僚を驚愕させた。ルイスはエール大学ピーボディー博物館の引き出しにこの化石をしまい、化石はそこで三〇年間ほこりをかぶっていた。一九六〇年代はじめ、やはりエール大学の化石の専門家であるエルウィン・サイモンズがラマピテクスへの関心を新たにした。そして、大学院生のデーヴィッド・ピルビームとともにラマピテクスの標本を研究して、上あごの断片しかないのに、これは現生人類の直系の祖先だと結論づけた。それから一五年の間あまり証拠もなく、人類学者たちからの激しい反対に会いながら、二人はこの化石はヒト科のものだと主張しつづけた。ラマピテクスは、いわばあの時代のルーシー（初期人類の化石すべてのロゼッタ石）であり、教科書では直立歩行し、原始的な道具さえもっている姿で描かれた。

サイモンズとピルビームにはあいにくだったが、同じ頃にヒトとチンパンジーとそのほかさまざまな霊長類の間の免疫学的な距離を測定する検査を生化学者たちが開発していた。さらに一九六七年、カリフォルニア大学バークレー校のヴィンセント・サリッチとアラン・ウィルソンが、現代のサルと私たちが分岐した年代を確定する免疫学的な時計を考案した。分岐の年代はほんの五〇〇万年前だった。従来の常識から考えると新しすぎたし、ラマピテクスがヒトの直系の祖先であるためにも、新しすぎた。実際サリッチは、ラマピテクスは直立歩行したはずがないから、ヒトにつながるものではありえないと断言したことがあった。

古生物学界は当初はサリッチとウィルソンに激怒したものの、とくにやがてピルビーム自身もパキスタンで、明らかにヒトよりサルに近いラマピテクスの標本を次々に発掘すると、サリッチとウィルソン

800万年前のケニアの森には、さまざまのエープの集団が棲んでいた。左上と地上にいるのはラマピテクスの二種類の描写。

の観点をまともに受け止めるようになった。今日私たちは、ラマピテクスとその近縁にあたるシヴァピテクスは、現生オランウータンを含むのちのアジアの大型類人猿の祖先だろうと考えている。

イリノイ大学のダニエル・ゲボとボストン大学のローラ・マクラッチーの両古生物学者も一九九七年に化石類人猿を特定した。ウガンダで見つかり、何年も博物館の引き出しに眠っていた化石の断片を再調査した末のことだ。二人は同じ場所で一九九四年に発掘された化石も調べ、ウガンダの断片の重要性を認識した。この標本をモロトピテクス・ビショピと名づけた。その断片からは、「歯による」類人猿に欠けていた、腕で木にぶらさがる肩の機構を備えて、二〇〇〇万年前に生きていたチンパンジーのような類人猿の姿が浮かび上がる。モロトピテクスは、少なくとも差しあたりは、類人猿とヒトの最後の共通祖先という地位を占めている。

その後化石類人猿は、木登りをする四つ足動物から、腕で木にぶらさがるものへと移行しはじめた。一〇〇〇万年前までにオレオピテクスといった生物が現れていた。人類学専攻の大学院生が代々「クッキー・モンスター」の愛称で呼んできたオレオピテクスは、地中海地域の類人猿で、腕で木にぶらさがることのできる肩の解剖学的構造を備えていた。近縁の化石類人猿であるドリオピテクスが最近バルセロナの近くで見つかり、これも同じ特徴を備えていたようだ。一二〇〇万年前から五〇〇万年前までの時期には類人猿のいい化石も原人の標本もあまり見つかっておらず、残存物はおもに歯とあごであり、その生物がどのようにして移動したかについては、あまり証拠にならない。そこで多くの研究者が、現生類人猿が手足で何をし、何をしないかにもとづくモデルに目を向けている。しかし、これで問題が完全に解決したわけではない。

化石類人猿が生きていたときの動きかたの想定図。

ナックルウォークをするものも、そうでないものも含め、これまでに発見された多数の化石類人猿のなかに、とくに注意を払うに値するものがもう一つある。一九三〇年代に化石ハンターのラルフ・フォン・ケーニヒスワルトが、中国からインドネシアまで東アジア各地でヒトの化石の証拠を探した。野外で発掘をおこなうほかに薬局でも探した。アジア人はしばしば、いろいろな動物の骨の力に伝統的な信仰をもち、骨をすりつぶして病気の薬や媚薬として飲むからだ。フォン・ケーニヒスワルトの勘は一九三五年に、フィリピンのある薬局で収獲をもたらした。彼はヒトのものに似ている歯をいくつか買い、香港でさらに数百個見つけた。そのなかに、科学者が知らなかった類人猿かヒト科の種のものである大きな臼歯が一つあった。フォン・ケーニヒスワルトはその生物をギガントピテクスと名づけた。臼歯の大きさから考えて、体の大きさはマウンテン・ゴリラのシルバーバックつまり群れのボスの倍ほどもあり、体重は三二〇キロ以上だったろう。ダートのタウング・チャイルドが多くのヒトから嘲笑された直後のころ、ギガントピテクスはしばらくの間、歯だけにもとづいてヒトの直接の祖先の候補として受け入れられた。その後数十年の間にアジア全体で、数度の調査によって、この巨大霊長類の化石がさらに見つかり、ギガントピテクスの正体がはっきりした。一つではなく、いくつかの巨大な類人猿の種であり、ヒトの祖先の枝から生じて独自の道をゆき、やがて滅びていった小枝だっただろう。だがアジアに伝わる雪男イエティの伝説や、北アメリカ北西部大西洋岸の山中に現れると言われるビッグフットの言い伝えは、太古に初期の現生人類とギガントピテクスが出逢ったことから生まれたと考える人もいる。

腕の動作

直立歩行の準備段階としては、垂直方向の木登りより四足歩行を考えるほうが筋が通っていると思われるかもしれないが、たいていの研究者はその逆を考えている。木登りの名手であることによって、のちに二足歩行に移行する準備ができる。木登りをするには脚よりも長い腕、垂直の姿勢をとれる胴、指が長くて湾曲していてものをつかめる手足が必要だ。何よりも木登りを習慣とするには、木に登っているとき複数の次元で動くことができなければならない。強靭だが柔軟な関節と、腕が自由に動けるような肩をもっていなければならない。平らな地面を走ったり歩いたりして暮らす動物は、半円を描いて素早く体を振るときに、腕をしっかりとらえている肩の関節を必要とするだけだ。

ニューヨーク州立大学ストーニーブルック校の解剖学者ジャック・スターンと同僚たちは一九七〇年代に発表した論文で、類人猿とヒトの胸部と上肢の類似性は直立の木登りの姿勢をとった祖先からきているという、説得力のある議論をした。これはキースのアーム・ハンギング説の修正版となった。直立で木登りをした類人猿は、地上で直立歩行する準備ができていたと、スターンは書いた。長い腕と脚は地上で移動するのに役に立たなかったので、論理的に自然選択がとるはずの道筋は、腕をあらゆる責任から解放することだろう。のちにスターンと同僚のジョン・フリーグルは、キースがアーム・ハンギングによるものとしていた類人猿とヒトの前肢の特徴は、むしろ木登りへの適応の結果と考えたほうがいいと主張した。

この論争のなかで、太古の類人猿がどのように歩いたかを知る手がかりを足より手に求めた研究者もいる。類人猿独特の手首が論争の中心にあった。類人猿とヒトの手首には骨が多く、この特徴は長らく祖先がアーム・ハンギングをしていた証拠と解釈されてきた。これならキースの古い説を裏付けることになる。だがフリーグルと協同研究者は異論を唱えた。チンパンジーはテナガザルよりはるかに地上を歩くのが得意だが、テナガザルよりアーム・スインギングに適した手首を備えている。フリーグルとワシントン大学のグレン・コンロイは、これは、ナックルウォークした祖先が最初の二足動物だった動かぬ証拠だと考える。

しかしノーザン・イリノイ大学のダニエル・ゲボは別の見方を提出した。アーム・ハンギングが二足歩行の姿勢につながったというキースの考えを支持するものだ。垂直方向の木登りの証拠が旧世界ザルの化石に現れたのは、二足動物が現れる二五〇〇万年前のことだと、ゲボは指摘する。現生の霊長類が樹上でどのように動き回るかについての研究にもとづいて、最も古い類人猿は四つ足で木登りをしており、それが進化してアーム・ハンギングをするようになったのだろうと結論づけた。こうしたスインガーはさらに進化して、ナックルウォークをするようになり、樹上でも地上でも敏捷に動き、のちに直立歩行をするようになったという。ゲボはチンパンジーとヒトの手首に共通する特徴に、体重を支える適応の証拠を見て取り、直立歩行のすぐ手前に地上を歩く段階があったと考えられるとした。

要するに私たちの祖先である類人猿は樹上で暮らし、ヒトの系統と分かれたあとでナックルウォークを採用したのか、木から降りてヒトと分かれる前にナックルウォークをしていたのかのどちらかだ。私たちの直接の祖先がナックルウォークをしていたという考えは、二〇〇〇年にジョージ・ワシントン大学のブライアン・リッチモンドとデーヴィッド・ストレートから強い後押しを受けた。チンパンジーやゴリラの手首の骨には手首の動きを止める仕組みが存在する。二人は初期のヒト科の手首を調べて、前腕の橈《とう》骨の端にもその痕跡を見つけた。類人猿の橈骨が手首に近づくにつれて、表面がせりあがっていく。この隆起と、橈骨の端にある溝によって形づくられる角度で、類人猿の手首の伸びる範囲が制約される。これは、最も古い人類の最後の祖先がナックルウォークをしていた確かな証拠だと、リッチモンドとストレートは感じた。

リッチモンドとストレートの大胆な主張は一九四〇年代にシャーウッド・ウォシュバーンが述べた言葉と通じあうもので、これが立証されれば、私たちがどのようにしてヒトになったのかについての半世紀つづいた正統学説を覆すことになる。だがこの研究に批判者がいないわけではない。批判者たちは、新しい研究の筆者たちの方法を批判した。研究者たちが取り上げた手首の骨格の五つの特徴は、ビデオ機器で記録されたのだが、特徴のなかには精密機器より肉眼で分析するのに向いているものもあった。さらにまた結論は、アウストラロピテクス・アファレンシスの手首の標本二つのみにもとづいていた。その一つは有名な化石ルーシーのものだった。実はこれほど有名ではなくて鋳型しか利用できなかった別のアファレンシスの標本にくらべて、ルーシーの手首はそれほどリッチモンドとストレートの主張の裏付けにならなかった。またリッチモンドとストレートの標本にはいくつか欠けている部分があって、これが分析を大きく左右したかもしれない。当初は、この研究から昔からの論争に答えが出るように思われたのだが、今ではヒト科がナックルウォークをするサルから出発したのか、木登りをするサルから出発したのかという問題は、まだ解けていないようだ。骨のかけらをめぐるこの種の論争は古人類学によく見られるが、欠かすことのできないものだ。

類人猿は何を、なぜするのか

私たちと違って類人猿は一日中四つ足で歩き回るし、その祖先もそのように歩いた。四つ足で歩くことが、私たちの祖先である類人猿の暮らしの重要な部分だったことは、アフリカの森で現生の大型類人猿を追って時を過ごしたことのある人なら誰でも理解できる。アフリカの類人猿はおもに地上を移動し、木に登るのは果物を探すか、夜を過ごすときだ。長い腕と湾曲した指をしているにもかかわらず、チンパンジーやボノボは地上での移動によく適応している。チンパンジーはものすごく急な斜面を、私が平地を歩くのと同じくらい速く登ることができる。木がたくさん生えているでこぼこした土地を一日に数キロ進むことができる。ナックルウォークをする動物としてはなかなかのものだ。チンパンジーでもこれと近縁のボノボでも、食料の七〇パーセントを果物が占めるが、チンパンジーは熟した果物を見つけるために長い距離を歩く。このことがチンパンジーの行動にどう影響するかを理解すれば、二足歩行の利点の説明に向かって大きく前進することになる。たとえば類人猿がナックルウォークをするのが非効率であることが明らかになれば、二足歩行の強みはすぐに明白となる。

ほかの多くの霊長類の主要な食料である木の葉と違って、果物は手に入る時期が限られ、分布がまばらだ。熱帯の森林では、イチジクといった一つの種に属する木も一本一本が広い範囲に散らばっているかもしれない。イチジクを見つけるには、チンパンジーはたいへん精力的な生き方をしなければならない。果物を見つけるために長い距離を歩くのに必要なカロリーは、果物そのものに含まれる炭水化物によってしか補われない。エネルギーを得るには高い代償を払わなければならない。長い距離を歩かなければならないのだ。私は何時間もチンパンジーを追いかけたことがあるが、チンパンジーたちは遠い渓谷にある丈の高い果樹の木立ちにたどりつくまで、めったに休まなかった。私がハーハー言い、体中に痛みを感じながら着くと、すでにチンパンジーたちは苦労へのご褒美にありついていた。

このように果物を主たる食料とすることは、チンパンジーの社会行動に大きな影響を及ぼす。雌チンパンジーの生活は、自分自身と子供を養えるだけの質と量の食料を見つけることを中心に回っている。雌のチンパンジーは思春期に近隣の群れの縄張りを渡り歩いてから、ある群れを繁殖のための場所としてそこに落ち着き、その群れは雌とその子供を何十年にもわたって養わなければならない。一方雄は、雌より速く遠くまで歩く。雌は、ゴリラなど多くの霊長類の雌がするように雄やほかの雌と大きく緊密な集団をなして移動しはしない。ひとりで、あるいは少数の仲間とともに移動する。熟した実がなった木を見つけると、ほかのチンパンジーとの競争をできるだけ少なくして、できるだけたくさん食べる。

ところが雌が大いに社交的になるときがある。それは発情期だ。毎月ある期間、雌の尻が血液に満たされて大きく膨れ上がり、これが、雄を迎え入れる用意ができているという目印になる。このとき雌のほうも、それ以外の時期より強く雄に引きつけられる。しかしたいてい、雌はひとりで食料を探す。その際しばしば、子供が腹にしがみつくか背中に乗るかしている。雄より雌のほうが移動せず孤独なのは、間違いなくこの負担のせいだ。なぜチンパンジーの社会が社交的でよく歩き回る雄と、それほど社交的でない雌から成り立っているのかは、雌であることの代償のほうが大きいことで説明がつくかもしれない。

また雄は縄張り意識が強く、定期的に縄張りのはずれで見回りをし、近隣の群れからのチンパンジーの侵入を監視する。単独で縄張りに迷い込んできたよそ者に出逢うと攻撃し、ときには重傷を負わせたり殺してしまったりする。このように他者の命を奪ってまで縄張りの境界を防衛する霊長類は私たちを除けばチンパンジーだけであり、この習性も、チンパンジーの社会の特徴のなかで私たち自身の本性の原始的な側面を指し示す点だ。

私のもとで学ぶ大学院生でウガンダのキバレ国立公園でチンパンジーを研究したマーティン・ミュラーは、このように異なる群れのチンパンジーが遭遇した直後に起こる事態を目撃した。マーティンの追跡していたチンパンジーが夕闇の迫る頃、ひとりで行動していたらしいよそ者の雄に出会った。マーティンは叫び声に耳を傾けたが、日が暮れたのでキャンプに帰らなければならなかった。翌朝現場に戻ると、よそ者の雄が仰向けに横たわって死んでいて、そのまわりは何メートルにもわたって草木が倒れていた。犠牲者はひどい傷を負っていた。何度も突き刺され、気管は引き抜かれ、陰嚢も引きちぎられていた。マーティンが犠牲者を引っ繰り返してみると、死体の背中は無傷だった。この群れの雄たちが何頭かで侵入者を押さえつけ、仲間が完膚なきまでに痛めつけたらしい。

雄のチンパンジーはほかの哺乳類の狩りをする。近縁のボノボと違って、チンパンジーは貪欲な捕食者だ。雄が一〇頭いる群れは年にサルを数百頭、時折はアンテロープやイノシシやもっと小さな獲物を殺すこともある。チンパンジーは森の地面をナックルウォークしながら、木の上を登っていくサルの群れを監視する。食料を探す集団は立ち止まって見守り、樹冠に登って獲物を追うかどうかを決める。犠牲者は普通、ほんの数キログラム以下の小さな動物だが、頻繁に狩りをすれば、一年に得られる肉は四五〇キロ以上にのぼるかもしれない。

雌も肉を好むが協力しあって狩りをすることはあまりなく、雄は常に獲物を独占する。雄は肉を一種の社会的通貨として用い、ハンターの地位を高めるために雌やほかの雄に与える。私の調査から、狩りで成功するには犬歯や木登りのための長い腕よりも協力のほうが大事であることがわかった。私が研究したゴンベのチンパンジーのうち狩りで最も成功していたのは、歯をほとんどなくした年配の雄であるエヴェレッドだった。エヴェレッドは、自分よりずっと若くてもっと筋肉が隆々とした仲間たちのいずれよりも狩りの腕前が上だった。長年のサル狩りで、武器以上に成功の鍵である経験を積んでいたからだろう。ここで私が言いたいのは、敏捷に木に登る類人猿は直立歩行しなくても肉を得られるということだ。しかしあとで見るように、地上での暮らしに適応すると新たな肉が手に入るようになる。

チンパンジーと近縁の種を、二足歩行の起源および最初の人類がどんなものだったかという最高のモデルとして挙げている科学者もいる。ボノボはチンパンジーによく似ており、もしボノボの化石とチン

チンパンジーとごく近縁種のボノボ。しばしば直立歩行の起原のモデルに挙げられるが、正確ではない。

パンジーの化石が同じ発掘現場で見つかったら、同じ種だと私たちは考えるに違いない。しかし、生息地域と行動が両者を隔てている。アフリカの中央部に幅広いパラボラ形の地形を形づくるコンゴ川が進路を変えたときに、チンパンジーの主流から切り離された太古のチンパンジーの集団からボノボが発生したのだろう。ほかのチンパンジーから原ボノボは独自の道を歩んだ。チンパンジーと同じくボノボも果物を主食とする複雑な共同社会で暮らす。雌は集団から集団へと移り住み、雄は群れの縄張りを防衛する。しかしチンパンジーの群れでは、どんなに地位の低い大人の雄でもすべての雌を支配できるが、雌のボノボは雄を支配できる。あるいは少なくとも雄から手荒く扱われるのを防ぐ連合を形づくることができる。雌のボノボはこの権力分配で利益を得ている。普通、獲物が捕まったとき肉も含めて食料を優先的に手に入れられる。

ボノボの間での雌の権力樹立を見て、研究者たちはチンパンジーに見られる雄支配とは際立った対照をなすボノボを、ヒトの行動と男女同権思想の起原の代替モデルとして掲げている。そしてボノボの歩き方から、ボノボのほうが初期のヒトがどんなだったかという適切なモデルだと論じている研究者もいる。一九七〇年代にカリフォルニア大学サンタクルス校の霊長類学者エードリエン・ジールマンと同僚たちは、チンパンジーよりボノボのほうが姿勢と足取りがヒトに似ていると発表した。ジールマンたちがこう主張した根拠は、解剖学的構造の小さな違いだった。ボノボは腕と足の長さはチンパンジーと同じくらいだが、胴、上半身、腰はチンパンジーより細い。多くの研究者がすぐさまジールマンの主張に異議を唱え、ヒトに似ている特徴なるものはすべて、垂直方向の木登りへの適応として容易に説明できると指摘した。

チンパンジーよりボノボのほうが二足動物らしく、したがってヒトの起原のモデルにふさわしいという考えは、一九八〇年代、九〇年代に強まっていった。テレビのあるドキュメンタリー番組に、アフリカ中央部の森林を狩猟採集者のように歩き回る雌のボノボの映像が使われていた。こうした映像は、四足歩行している姿が大半を占める撮影された映像を芸術的に編集したものだ。野生のボノボは野生のチンパンジーと同じく時折は直立歩行する。だがチンパンジーよりボノボのほうが頻繁に直立するとか、あるいはともかく二足動物的だという考えは間違っている。

最近マイアミ大学のエレーイン・ヴィデアンとウィリアム・マグルーがおこなった研究から、動物園ではボノボの二足歩行はチンパンジーと同様に少ないことがわかっている。ヴィデアンとウィリアム・マグルーは、同様の背景――サーカス、動物園、自然環境――のもとでチンパンジーとボノボを比較し、直立する傾向は、どちらの種でも基本的に同じという結果を得た。自然環境にはボノボが二足歩行する証拠はあまり存在しない。ただし、ボノボが人間から餌を与えられ、直立歩行してバナナやサトウキビを運ぶという変わった環境では話が別だ。ニューヨーク州立大学ストーニーブルック校のダイアン・ドランとインディアナ大学のケヴィン・ハントはボノボとチンパンジーのデータを比較した。そしてチンパンジーよりボノボのほうが樹上で過ごす時間が長く、雄のチンパンジーより雄のボノボのほうが、回転する肩をずっとよく使うという以前の結論を確認した。ボノボのほうが樹上生活に適応し、チンパンジーのほうが地上での移動に適応しているようだ。このことは、チンパンジーのほうが、二足歩行以前の時代に初期のヒトがどのように移動したかということのいいモデルであるという考えの裏付けになるが、結論にいたるには、もっとボノボの集団を調査しなければならない。

これは、ボノボとチンパンジーのどちらがヒトと類人猿に共通する最後の祖先としていいモデルなのかをめぐる数多い主張のうちの一つだ。ボノボは一九八〇年代にはじめて科学界で日の目を見た。チンパンジーが西欧科学界で知られるようになり、一般の人々の想像の一部となってから数百年あとのことだ。最初の報告は捕獲されたボノボについてのもので、そこではボノボは平和的で性欲過剰な動物とされていた。ある霊長類学者は、ボノボは反戦スローガンよろしく、戦争ではなくセックスで対立を解決すると言った。ヒト以外の哺乳類で性行動の激しさ、頻度、多様性の点でボノボに匹敵するものはいないとこの学者は報告した。霊長類のなかでヒトとボノボの雌だけが、発情期という制約から解放されて、いつでも好きなやり方で雄と——また時には、ほかの雌と——性交するようだ。ボノボとチンパンジーの二分法は部分的には正しい。確かにボノボの雌はチンパンジーの雌より盛んに力と連合形成を示す。動物園のボノボは豊富な種類の性行為を営んでいる。雄が雄と、雌が雌と、そして雄が雌と。あるボノボ研究者から聞いた話だが、ボノボは性交していないときには、普通マスターベーションをしているという。ところが野外科学者が野生ボノボと野生チンパンジーの行動を比較すると、相違の大半は消え去るか、著しく小さくなる。雌のボノボは年中セックスをするという以前の報告は、囚われの身にあるボノボにだけ当てはまる。自然状態ではチンパンジーの雌もボノボの雌も、性交の圧倒的多数は尻の腫れが最大限に充血しているときにおこなわれる。

最後に取り上げるアフリカの類人猿では、解剖学的構造と巨大な体の大きさのゆえに、生活がずば抜けて地上に限られている。ゴリラは、たいてい四つ足で地上を歩いて過ごす。雄のなかには二〇〇キロを超えるものもいることを考えると、意外ではない。ゴリラの解剖学的構造はこれを反映している。ゴリラの肩の関節はチンパンジーやボノボのものほど木登りに適応していない。ダイアン・フォッシーの仕事は、『霧のなかのゴリラ』という本および同名の映画（邦題『愛は霧のかなたに』）に描かれていて、そのおかげで、たいていの人はゴリラをウシのように高原の牧場で草を食みながらのそのそ動いている巨大な動物として思い描く。しかしこれはちょっとした誤解である。確かにマウンテン・ゴリラはかなり尻が重く、シダの茂みや竹やぶをゆっくりかきわけて進むが、そうでないゴリラもいる。ゴリラの大半を占めるローランド（低地）・ゴリラは長距離を旅し、熟した果実を食べるというチンパンジーのパターンにもっと近い生活をしている。

私は一九九六年以来ウガンダのインペネトラブル・フォレスト（踏み込めない森）でゴリラとチンパンジーの生態行動を研究している。ここではゴリラが非常に高い木に登って、四五メートルの高さのところに実っている果物、菌類、着生植物を食べるのが見られる。また私はアフリカの別のところで、そのような木に高く登って食料を探しているうちに転落死したゴリラを少なくとも一頭知っているが、それでもゴリラの生態行動には必ず木登りが含まれている。果物が豊富な森林では、ゴリラはチンパンジーと同じ生活パターンにしたがい、遠くまで果物を探しに行く。一方たとえばヴィルンガ火山では、標高三〇〇〇メートルの高さと寒くて霧の多い条件のせいで果樹が乏しいが、このような特殊な生息環境でのみ、ゴリラは地上に生える繊維性の植物を食べて生きる。ゴリラは二本脚で立ったり歩いたりするが、木には直立姿勢で登る。

ゴリラとその樹上での移動様式の関係は単純に思えるかもしれない。体が大きいほど支えとして大きな枝が必要になる。だが関係はそれほど単純ではない。パーデュー大学の霊長類学者メリッサ・レミスは、雌や未成年のローランド・ゴリラが雄よりよく木に登ることを明らかにした。また雄の木登りは社会集団に影響される。雄は、自分の集団が木に登って食料を探していてひとり地上に残されると、自分も木に登る。シルバーバックはめったに木から木へと直接移らない。体が大きいので慎重に地上に降り、地面をのんびり歩いて次の木まで行き、その木に登るのだ。レミスは、チンパンジーと同じくらい雌のゴリラがアーム・ハンギングをするのを観察した。ただしゴリラは勢いを増すために脚も使う傾向があるが。

ゴリラはチンパンジーにおとらず歩行の使いかたがゼネラリスト的だ。森林の局所的な構造に適応している。マウンテン・ゴリラはシダの茂みをたどって地上をとぼとぼ歩くが、食料がもっと豊かな低地のゴリラは毎日長距離をせっせと歩く。ウガンダのブインディ・インペネトラブル国立公園で活動する私のチームは、一日平均七〇〇メートルくらいしか歩き回らないマウンテン・ゴリラを研究しているが、ほかの森の低地ゴリラはその四倍の距離を歩く——そして、そのために余計に時間とカロリーを必要とする——ことがあるだろう。

ただ一つアジアの大型類人猿であるオランウータンは、習慣的に木に登り、めったに地上を歩かず、二足歩行はほとんどしない。「四手獣」的であり、足を三本目、四本目の手として使ってインドネシアの熱帯雨林のなかを動き回る。オランウータンは森の切れ目にくると地上に降りて歩き、そのとき、赤毛におおわれた巨体を変わった種類のナックルウォークで運ぶ。前半身の重みをこぶしの外側の端で支える。地上をのそのそ歩き回っている姿は、おはじきをしようとしているように見える。

どんな動物も最適な姿をしているのだと思うと、オランウータンについては完全に思い違いをしてし

大型類人猿は拳にした指の端から二番目の節を使ってナックルウォークする。このチンパンジーの親指が対向指になっていることに注目のこと。

まう。誰かが骨格だけからオランウータンの行動を再構成しようとしたら、雄と雌の大きさが著しく違うことと、社会性の大きいゴリラやチンパンジーに近いことから、集団生活をおくる類人猿だと論じるだろう。しかし実際には、オランウータンはおおむね孤立している。その新しい祖先は熱帯雨林だけではなくパキスタンから中国南部にいたるまでアジアの丘陵や平地にも棲んでいた。ことによると、今日のオランウータンとはたいへん異なる暮らしをしていて、その解剖学的構造はまだ社会の変化に追いついていないのかもしれない。いずれにしろオランウータンのことを考えると、生態環境と行動の関連について理論を立てるときになぜ注意しなければならないかが思い出される。

環境は大型類人猿の社会の進化に多大な影響を及ぼし、自然選択のフィルターとなっている。私たちは太古の類人猿や初期人類を形づくってきたさまざまな力と、そうした力に対応して彼らがどのように暮らしたかという理解を得ようとして、彼らの化石を研究することができる。しかし動物の行動を化石から再構成するとき、私たちは解答のない問題に直面する。進化がそれぞれの種を、どの程度ぴったりと生息環境に合わせて形づくったのかが、わからないのだ。また大型類人猿の現生種の数が、太古に存在した多様な種の総数の何分の一かでしかないことでも、推測の手がかりは限られている。類人猿の現生種のなかに私たちの祖先が見つかると仮定すべきではないが、しかし現生種は探求の正しい方向を指し示すものではある。

3 天国の歩行

私がカリフォルニア大学バークレー校で大学院生にヒトの起原について教える講師をしていた一九八〇年代には、大学院生のサンフランシスコ動物園見学が年中行事だった。私は真剣な眼差しの学生たちを引き連れて、テナガザル、ゴリラ、オランウータンの前を通り過ぎ、いつもチンパンジーの檻のわきの決まった地点で立ち止まった。そして、学生たちがチンパンジーと私を交互に見るなかで短い講義をおこなうのだった。雄のチンパンジーはセメントの溝を隔てて一二メートル離れたところで、岩屋で悟りの境地に達している仏陀のように座っていた。

そして私が話しているうちに、チンパンジーの仏陀は動きはじめるのだった。ほとんどわからないくらいかすかに揺れはじめる。低いうめき声をのどから発する。学生がこの動きに気づいたときには遅すぎることがほとんどだった。仏陀は突然まっすぐに立って、激しく足を踏み鳴らしはじめる。年老いてゆく体の筋肉から一本一本の毛が逆立った。それはたいした見もので、学生たちの目は釘づけになった。すると、仏陀は岩の露頭をめぐってさっと走り、糞のかたまりを拾い上げて、二本脚で立った姿勢から見事な正確さで学生たちに投げつけた（私はいつも一歩下がるよう気をつけていた）。私の学生たちはその学期のことをほかに何も覚えていなくても、あのひとりぼっちで退屈していたチンパンジーに誰がやられたかだけは、のちのちまで覚えていた。

あのチンパンジーは直立姿勢を利用するすべを知っていた。少なくとも一瞬は。チンパンジーの二足歩行を、一時的な行動、単なる移動の仕方と考える。これは部分的には正しいが、直立というのはこれをはるかに超えるものだ。それは何よりまず姿勢の劇的な変化であり、体のほかの部分に広範な変形というドミノ効果を及ぼすもので、副次的に足取りの変化でもあるにすぎない。二足歩行がもたらす損失と利得が評価できるまでは、二足歩行の出現の理解は当て推量でしかない。姿勢と足取りのうち、容易に損失と利得が測定できるのは足取りだけだ。四足歩行から二足歩行への移行がいつ、なぜ、どのように起こったのかを理解するうえでは、足取りが公分母を示している。

その公分母とは自然選択の原理だ。進化論を導くこの原理によれば、世代ごとに動物の各特徴のごくごく僅かな変異が選ばれて、次世代に出現したりしなかったりする。こうして世代とともに小さな変化が積み重なり、種は変化するか、いくつかの新種に分かれるかする。この作用がどのように働くかについてはじめて説明を提示したダーウィンは、自然選択による進化の重要な要素である遺伝子や突然変異のことを知らなかった。遺伝子は、環境が身体特徴をふるいわけるのに使う通貨だ。遺伝子は、余分な部分も抱えこんだ長いDNAの紐であり、世代ごとに生殖の際に両親それぞれの遺伝の鋳型つまり遺伝物質は、進化のトランプカードの山積みセットとなった上で、切りなおして配られる。子供の遺伝暗号は両親の遺伝子を組み合わせたものではじまり、そのとき、DNA鎖の生化学的な塩基を入れ替える突然変異によって変化もおこる。SFによって育まれた私たちの想像とはまるで違って、このような突然変異はありふれたものだが、普通はおよそ何の影響も生じない。突然変異の圧倒的大多数は、環境次第でのみ有利だったり不利だったりする。

自然選択は長い時間をかけてはじめて作用するという観念を私たちは抱くが、必ずしもそうではない。ピーター・グラントとローズマリー・グラントは、ダーウィンがビーグル号による有名な航海で動物学者として仕事をしたときに収集したのと同じガラパゴス・フィンチを何十年にもわたって研究してきた生物学者だ。現場は、むしろゾウガメと海イグアナで知られるガラパゴス諸島の一部だが、島と呼べるほど大きくはない荒涼とした岩である。グラント夫妻は、周期的に訪れる日照りと飢饉に耐えてきたフィンチの集団を観察してきた。植物の生命維持を完全に雨に頼る島では、日照りとともに飢饉が訪れるのは生命の営みの自然なサイクルだ。そしてフィンチは植物を食べて生きている。鳥が、出会いそうなものの二倍も硬い木の実やたねをこじあけられるほど強い、いささか奇妙な嘴《くちばし》をもって生まれてきても、生存し生殖をおこなう上で何の強みにもならない。だが、食料が乏しいときにランダムな突然変異によって同じ厚すぎる嘴が生じると、フィンチは、残ったただ一種類の食料である硬い木の実やたねをこじあけることができるかもしれない。食料が乏しい時期に、突然変異フィンチはまわりの普通のフィンチよりいいものを食べ、たくさんひなを孵し、次の世代にたくさん子孫を残す。鳥の一世代の期間は短く、まったく新しい嘴の形はほんの数世代で集団内に広がるかもしれない。あの突然変異フィンチの子孫である嘴の厚いフィンチたちが優勢になる。嘴の大きさと形の移行が、食料の乏しい時期にほんの数世代の間に起こりうることをグラント夫妻は発見した。雨が多く食料が多い時代には大きな嘴をもつ必要は小さくなり、自然選択の圧力がゆるむ結果嘴の小さいフィンチが再び小島をおおいつくす。

さて、小鳥の嘴から太古の類人猿のボディープランに話を移そう。ある類人猿が、四つ足ではなく二本脚で移動することによってほかの類人猿より繁栄できるとすれば、二足動物が出現するための戦略は自然選択によって与えられる。だが、うろこにおおわれた爬虫類の卵から翼を具えた鳥が孵ることはないのと同じで、二足歩行がそんなに簡単に現れたはずはない。よりよいモデルを作ってゆく計画などなにもないまま、原始形の二足動物がとった形のほうが、自然選択によって世代ごとに有利だったのでなければならない。これは、たいていの人にとって進化に関して最も受け入れにくい点だ。類人猿はナックルウォークし、私たちは完全に直立歩行するのだから、中間にあるものはすべて前者を後者に改良するような設計になっていたことは明白に思える。

私たちは自分を進化の頂点と考えるのを好む。だが、私たちの集団的エゴにとってはあいにくだが、ヒト科の進化がとった方向に必然性などなかったし、どのようにしてそこに進化してゆくかという青写真もなかった。原＝ヒト科動物は、擬似二足歩行を十分に利用していなかったならば、その遺伝子は自然選択によって優先的に次の世代に伝えられなかっただろう。これを受け入れるのがどれほどむずかしくても、自然選択は何か先を見通すということはない。

移動の高い費用

姿勢と足取りの根本的な変化がなぜ生じたのかを理解するには、A地点からB地点まで体を運ぶのに必要なエネルギーを簡単なカロリー計算で見積もらなければならない。吐き出された空気の測定ができる装置を具えた窓付きの箱のなかで踏み車のうえで歩くか走るかさせて、動物のエネルギーコスト――消費されるカロリー――と、利得――移動距離――を調べることができる。研究者は箱に入る空気と出てくる空気を測定し、酸素濃度の変化を記録する。動物の酸素消費に関する研究の大御所は、今は亡きハーヴァード大学の動物学者C・リチャード・テーラーだった。テーラーは多くの同僚とともに二〇年以上にわたって広範囲の野生動物と家畜について情報を集め、歩いたり走ったりするのを四本足でやる場合と二本足でやる場合の利点について、議論の基礎資料を提供した。

動物の移動様式について考えるときは重要な要素を二つ心にとめておくといい。一つは移動効率、つまり移動距離に対するカロリー消費の比率だ。もう一つは移動の経済性、つまり、ある物理的作業をするのにエネルギー出力をどれだけ節約するかである。大きな動物は小さな動物より効率よく移動できる。体重の各一グラムをある距離だけ動かすのに消費するエネルギーが少ないからだ。ゾウはフットボールのフィールドの端から端まで、ネズミより効率的に歩ける。ところがゾウはネズミよりずっと体が大きいから、それだけ歩くのにネズミよりはるかに多くのエネルギーを燃やす。だからエネルギー効率の競争ではゾウが勝ち、移動の経済性ではネズミが勝つ。

予想がつくかもしれないが、単位距離あたりで燃やされるカロリーが移動の速さに比例することを、テーラーのチームは発見した。ゾウをゴールラインからゴールラインまで走らせると、同じ一〇〇メートルをぶらぶら歩きさせたときと比較してエネルギー出力は劇的に増える。この関係は、ハリネズミからエミュー、エランド、ウズラにいたるまで、たいていの哺乳動物と鳥で驚くほど一定だ。ところがテ

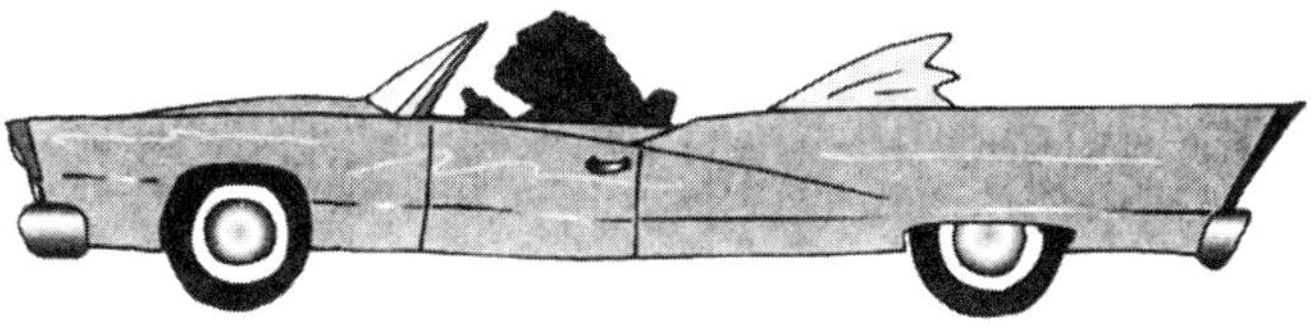

$$効率 = \frac{行なう仕事}{消費するエネルギー}$$

経済性 ＝ 一定の仕事に費やされる全コスト

自動車の経済性と自動車の効率。

ーラーらは、少数の注目すべき例外を見つけた。カンガルーは低速より高速で跳ねているときのほうが効率的に移動している。最近カリフォルニア大学バークレー校のティモシー・グリフィンと（テーラーの弟子である）コロラド大学のロジャー・クラムの研究で、ペンギンは人間より一歩あたりのエネルギー消費量が少ないことがわかった。ペンギンは長らく、どんな二足動物よりもエネルギーを浪費してよちよち歩きする動物として知られていた。ペンギンのさまざまな種のなかには、氷原を一六〇キロ以上もよちよち歩いて群生地にたどりつき、移動効率の基本法則を破っていると考えられたものもある。しかし、不器用に見える左右に揺れながらのよちよち歩きは、実は、重心をわずかに上げることで移動効率を高めるのに役立っており、小さな脚の筋肉をそれほど激しく使わずに済んでいるのだ。逆説的に思えたこの歩き方は、実は二足歩行が効率的であるいまひとつの証拠にすぎなかった。

歩行の効率は一般に単純な方程式で表せる。動物は、重力に逆らって高いところに登るとき必ず代償を支払っている。樹上動物は、地上を移動する動物より移動コストが大きい。そのことの見返りとしては、垂直移動をおこなって樹冠のてっぺんに着くと、水平移動――走るかアーム・スインギングをするかして――は比較的効率がいいということがあるのかもしれない。だが、地上で暮らす動物は移動速度と引き換えに高い代償を支払っている。速く動くために、歩幅を長くするか、脚を踏みだすペースを速めるか、そのどちらか、あるいは両方をしなければならない。

そこで二足歩行の話になる。テーラーとV・J・ラウントリーはチンパンジーとヒトの歩行効率を比較した。四足歩行と二足歩行の相対的利点をめぐる長年にわたる論争に注目し、ほかの二足動物――とくにレア（アメリカダチョウ）――が、歩くときに四足動物の二倍のエネルギーを消費することに注目した。テーラーとラウントリーは、チンパンジーが直立歩行するとき、四つ足で歩くときと効率が変わらないことを発見して驚いた。そして、オマキザルにも両方の歩き方をさせて同じ結果を得た。二人の研究者は、一九七三年に威信ある雑誌『サイエンス』に発表した論文でこう結論づけた。直立歩行が出現した理由は移動効率にあるという議論は捨て去るべきだと。

科学者はみな互いの結果に強い懐疑の念をいだく。研究者は、自ら吟味するまでは、直観に反する結果を信じない。一九八四年、カリフォルニア大学デーヴィス校の生物人類学者ピーター・ロッドマンとヘンリー・マクヘンリーが、テーラーとラウントリーの研究を吟味して、異なる結論にいたった。テーラーとラウントリーはヒトとチンパンジーの移動効率を比較したが、ロッドマンとヘンリー・マクヘンリーはコストを比較した。その結果によれば、ヒトは必ずしもすべての四足動物より歩行効率が高いわけではなかったが、間違いなくチンパンジーよりは効率的に直立歩行するということだった。言い換えると、たいていの四足動物にとって直立姿勢をとるように進化しても意味がないが、類人猿のように、ある動物がすでにナックルウォークをするように進化していれば、完全な直立姿勢に移行するのはエネルギーの点で合理的なのだ。

一九九〇年代にウィスコンシン大学の動物学者カレン・ストイデルが論争の主役になった。もともとの足踏み車研究で使われたチンパンジーは若く、したがってエネルギーの出入りのバランスが大人と大きく違っていたかもしれないとストイデルは指摘した。怒りっぽい大人のチンパンジーより子供のほうが足踏み車の上を歩かせやすいので、テーラーは子供を使った。ヒトでは大人より子供のほうが、ずっと移動効率が低いから、テーラーとラウントリーの結果はそもそも無効だったかもしれないとストイデルは論じた。そして、こう推論した。現生人類は、同じ大きさと体重のどんな四足動物よりも効率的に歩くが、これは必ずしも最初のヒト科の動物には当てはまらない。したがって、直立姿勢に移った当初の理由はエネルギー効率だったはずはないと。

またストイデルはテーラーのデータを利用して、ロッドマンとマクヘンリーに疑問を突きつけた。テーラーは、四足歩行より二足歩行のほうがコストが大きいことを示すように思われるデータを別の研究で用いていた。ストイデルは、この結果を引用した。ストイデルへの批判として、フロリダ大学のウィリアム・レナードとマーシャ・ロバートソンは、テーラーとラウントリーが引用した研究で検討されたのは歩くときのコストではなく走るときのコストだと指摘した。歩く速さで、ロッドマンとマクヘンリーと同じくレナードとロバートソンは、二足動物はそれ自身の体重を四足動物より効率的に動かすことができるにすぎないとした。

こうした研究は、研究対象が少なかったので広く受け入れられなかった。走行は、若いチンパンジー二匹と人間二人について測定されただけだった。またエネルギー効率が四足歩行から二足歩行への移行の基礎だったという研究の基本前提も、根本的に間違っていたかもしれない。レナードとロバートソンによると、私たちはエネルギー効率自体についてでなく、むしろ最初期の人類が何にエネルギーを使ったのかを考えるべきだという。原人が長距離歩行者だったとすれば、生理学的効率は決定的に重要だったろう。しかし二足歩行への移行の最初期段階が何かほかの要因によってもたらされ、その段階では本格的な長距離歩行はせず短距離を歩くか、時折歩くかしただけだったとすれば、効率はそれほど重要でなかったかもしれない。

一般に、歩くより走るほうがエネルギーコストがかかり、走っている人物は四足動物の場合と同じく速さに比例してカロリーを消費するはずだ。ところが人間ではそうならない。ヒトが長距離をゆっくり走るときの速さの範囲――時速八キロから一三キロ――には最適な速さはなく、低速ほど効率が高いということはない。なぜこうなるのか、完全には明らかになっていない。走るのと歩くのとで大きな違いの一つは、脚の腱の使い方にある。走っているとき、脚の腱は強力なばねの役目を果たす。動物が走っているとき、脚が跳ね返ることでいくらかエネルギーが返ってきて、次の一歩を踏み出すのにそれを利用できる。

ユタ大学の生物学者デーヴィッド・キャリアーは、二足走行によって呼吸と脚の踏み出しの間に新たな関係が成立したと論じている。四足動物は、走っているとき肺の換気と脚の踏み出しをきっちり調整している。代謝に必要な酸素は、一歩足を踏み出すたびに息をすることで供給される。膨らんではしぼむ肺をかかえる胸部の筋肉は、競走馬の足が地面につくたびに衝撃を吸収する。そこで競走馬は、一歩ごとにひと呼吸するやり方しかできない。

ヒトは走る速さを呼吸から切り離した。一歩進む間に一回から数回息をすることもできれば、ひと呼吸する間に数歩進むこともできる。二足動物は、速く走るときはそれに応じて呼吸のペースを調節できる。走っているヒトは、いわばフライホイール（はずみ車）操作がなめらかにおこなわれる変速自転車だ。初期二足動物には最適走行速度がなかったおかげで、シカやウマにはできないような仕方で苦もなくギアを切り換えて、ある種の獲物に対してはゆっくり追いかけ、別の種類の獲物には全速力で追いかけることができたかもしれない。さらにこのことによって、肉食や長距離にわたる食料探しへとさらに適応が進むなど、根本的にヒトらしいものと私たちが考える特徴が、もたらされたのかもしれない。

人間の歩きかた

直立歩行は、私たちが備えているどんな特徴にもおとらず根本的に人間的なことだ。だが、歩くことができる人体を組み立てようとすると、これは一つのジグソーパズルを別のジグソーパズルに転換するようなものだ。何世代にもわたって新しいピースが選択されて、はじめてこれは可能となる。新しいピースが一つ一つ選択されていって、やがてパズルの図柄がまったく新しいものに変わる。しかし各段階でパズルは完全に機能しなければならず、今後徐々にそうなってゆこうとしているものと、以前のあり方を混ぜこぜにした役に立たないものであってはならない。まず四足動物から二足動物への移行には、重心の大きな移動が必要だった。釣り合いのとれた直立姿勢が保たれるには、重心が、地面におかれた両足にはさまれた領域のなかのどこかで揺れ動いている必要がある。チンパンジーの重心は胴体の中央部のどこか、腕と脚の間にある。ヒトでは重心はチンパンジーの重心よりも上にまた後ろにずれて、重心線は脊柱のいちばん下の二つの骨のすぐ上を通る。同時に後ろ、そして上にずれたことが決定的に重要だった。捕食者から逃げるときや、セックスの相手をめぐって闘うときに少しでも体のバランスがくずれるようでは、その類人猿の生殖がどれくらいうまくいくものか想像がつくだろう。

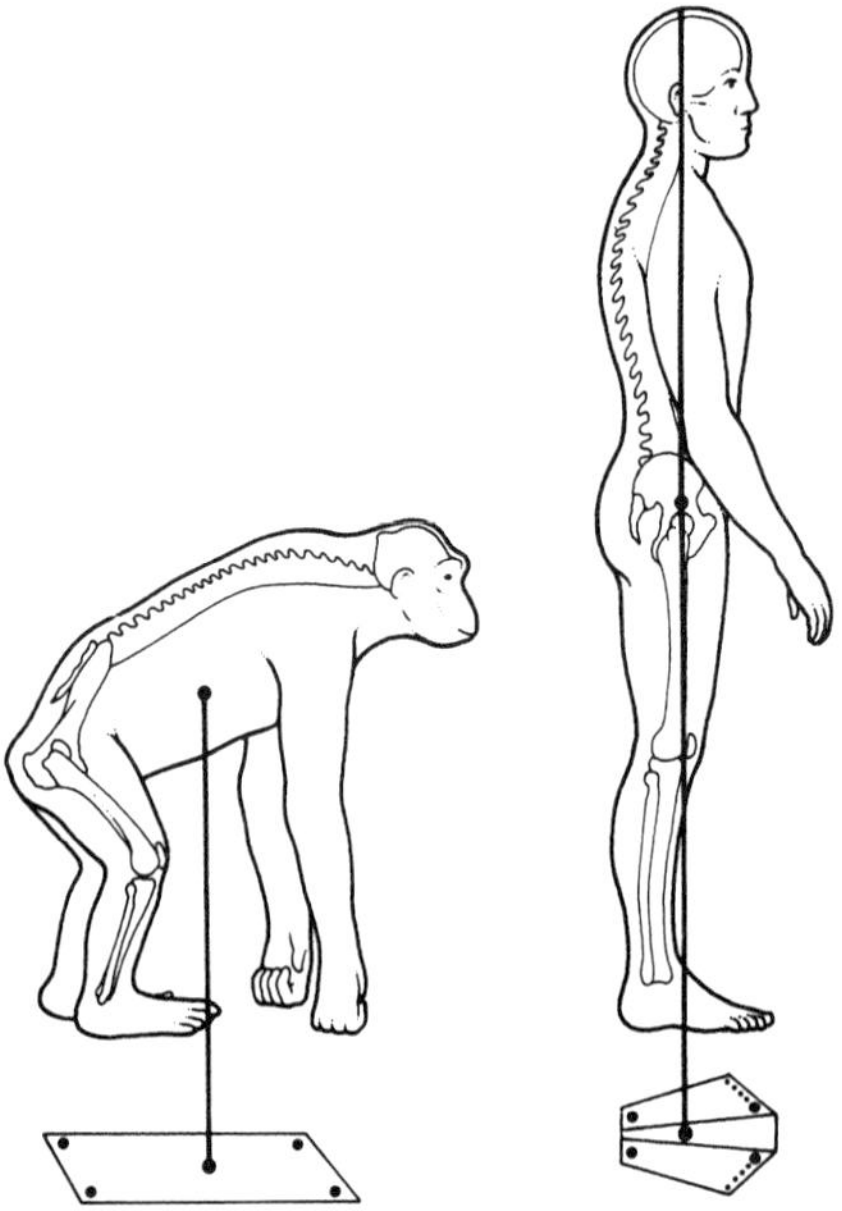

チンパンジー（左）とヒトでは重心の位置が大きく違っている。

体のつくりがよくできている二足動物は、楽に立ち、完全にバランスを保っているものでなければならないだろう。私たちは体の高さが四足霊長類より著しく高く体が細長いので、重心は、ほうきの柄に載せた皿を回すときと同じくらい精密なバランスを保たなければならない。チンパンジーの重心線は、標本のチョウを固定する虫ピンのように腹の中央部を通り、背中から外に出ている。ヒトの重心線はまったく違っている。足、腰を縦に通り、脊柱と肩のすぐ前、さらにこめかみの間、耳の間を通って、頭のてっぺんから外に出る。この適応の成果が、立っているときでも寝転がっているときよりエネルギーを七パーセントしか多く使わず、何時間も一か所に立ちつづけられる二足動物だ。四足動物は、立っているときにもっと多くのエネルギーを燃やす。立ったときも脚が半ば曲がっていて、バランスを保つのに絶えず筋肉を働かせる必要があるからだ。

すべてはヒップにかかる

私たちの祖先がヒトになるときの最も劇的な変化は、腰に起こった。類人猿の骨盤とヒトの骨盤をちょっと見れば、訓練を受けていない人の目にも、類人猿がヒトに移行するときに何か重大なことが起こったことがわかる。類人猿の体重を支える骨と筋肉のシステムに自然選択によってひねりが加えられ、新たな直立歩行動物である初期人類のためのまったく驚くべき支持構造が形づくられた。この過程で類人猿の骨盤の形は変形してまったく新しい構造となり、類人猿では腿《もも》の目立たない小さな筋肉だったものが、人体最大の筋肉に変身した。

ヒトの骨盤は鞍《くら》のような形をしており、腰に収まっていて、いつも体を支えられるような構造になっている。私たちの尻を形づくる臀筋のうち、三個は腿にある。大臀筋、中臀筋、小臀筋だ。ゴリラやチンパンジーでは、あとの二つの筋肉が四足歩行で強力な推進力をもたらしている。これらは類人猿の大腿骨のいちばん上と、骨盤の一部をなし平たく延びている腸骨のいちばん上に付いていて、類人猿が広範囲の運動をするのを可能にしている。ヒトは推進力を得るのに、もはやこうした筋肉を必要としない。私たちは、尻の筋肉を伸ばすことで体を推進するわけではない。この筋肉群はこういう役割から解放されて新たな配置をとり、新たな役割を帯びるようになった。それは、直立歩行する間に安定を保っているという役割だ。

こんなことを試してみるといい。ゆっくり歩き、一歩片脚が前に踏み出されるごとに、そのつど一瞬他方の脚だけで体を支えていることに注意する。片脚だけが床についている一瞬に、私たちがどれほど危なっかしく地上を歩いているかが痛感されるだろう。臀筋は、まず脚を体の中心線から引き離すことによって体を支える。体が左右に傾きはじめたときに、尻の両側に沿って再配置された臀筋によって体の安定が保たれなかったら、バランスを保とうと頑張っても体は揺らいでしまう。歩けるということは、一方の脚を前に踏み出す間の一瞬に、片脚で立っていられるということだ。超スローモーションで一五メートル歩いてみればいい。少しも体を傾けないで片足で立つのが楽な仕事でないことがすぐにわかる。手を腿に当てれば、体をまっすぐに保とうとして臀筋が緊張しているのが感じられる。

チンパンジーは、このテストで見事に落第点をとる。直立している類人猿は左右に揺れる。キングコングをはじめとして類人猿を主人公にした安手の映画はどれも、この滑稽な姿勢を模倣している。類人猿を前進させていた一組の筋肉が、ヒトでは進化によって腰を安定させる筋肉として選ばれた。一方で残りの臀筋、つまり大臀筋はヒトでは位置が移った。この大きな筋肉組織のかたまりは、筋肉の腰巻のように尻を包んでいる。その役割は安定を保つこと、そして今度は歩いている間、胴体をまっすぐ保って安定させておくことだ。

筋肉のこうした再配列は、すべて骨格の根本的な変化とも密接に結びついている。ゴリラの骨盤とヒトの骨盤をはじめて比較したときのことを、私は鮮やかに覚えている。ゴリラの骨盤を手にしながら、自分は間違った骨を手にしているにちがいないと思った。優美なまでに細長くカヌーの櫂のような形を

チンパンジーが直立するときその膝は曲がり、臀部の筋肉が適当な位置にないので、釣り合いを保つために前かがみになる。

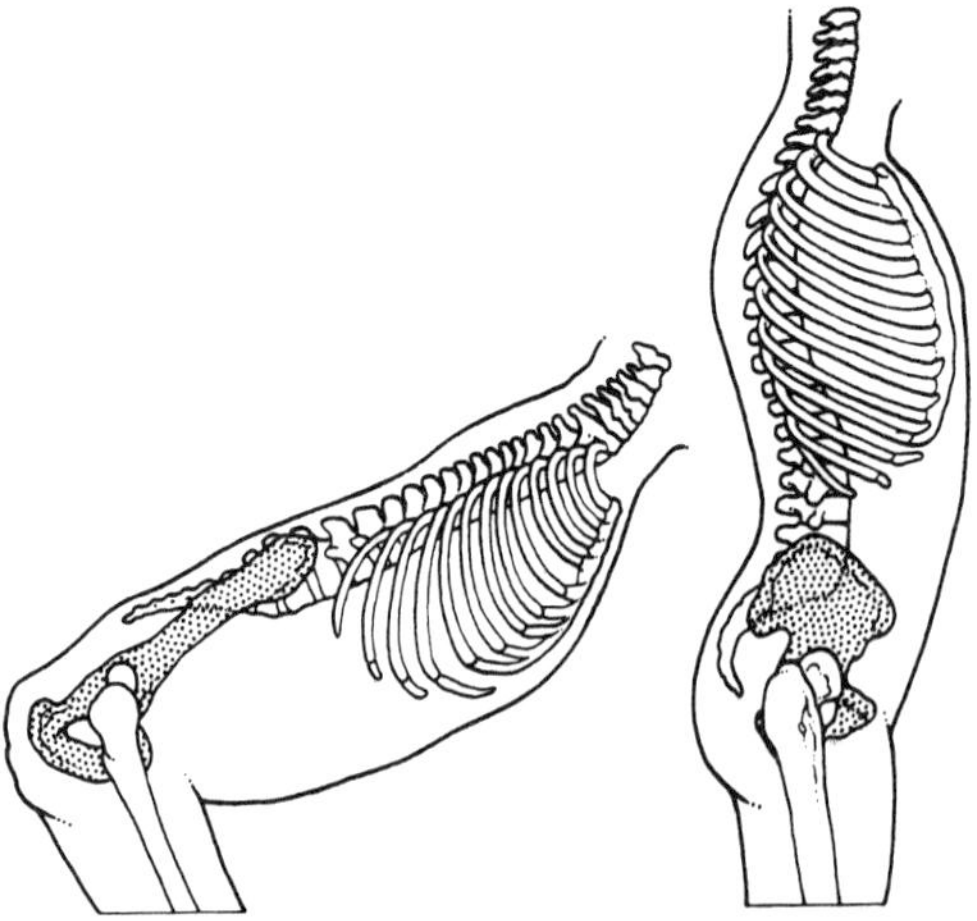

チンパンジー（左）とヒトの臀部の位置。

した、ゴリラの骨盤の主要部分をなす骨は、いく千世代の間に変形して、縦幅が短くて横幅が広く、湾曲したヒトの骨盤の腰帯になった。今日、骨盤は腰を包みこみ、下腹部の臓器の大半を受けとめる碗の役割を果たしている。類人猿やそのほか多くの霊長類では骨盤は背中に延び、脚を伸ばす筋肉がそこにも付くようになっている。ヒトは腰の筋肉を力強く伸ばす必要はなく、この骨は自然選択によって別の目的を果たすものとして選ばれた。

その目的とは、またもや、歩いているときに体を安定させ支えることだ。骨盤は左右三個ずつの六つの骨が、胎児の成長過程で融合したものだ。それでも三つの骨——恥骨、座骨、腸骨——は容易に見分けられる。恥骨は鼠径部の外側から内側に延び、体の中心線で合わさり、軟骨でつながっている。出産時にはこの軟骨が、赤ん坊の頭が母親の産道を通り抜けられるくらいに緩む。座骨は、おもに腿の背後にある。霊長類のなかには、硬化した皮膚がこの部分をおおって、体に組み込まれたクッションになっているものもある。

二足歩行を助けるヒトの骨格で、最も決定的に変容した部分は腸骨だ。腸骨は幅の広い鞍の形をなして腰を支えている。チンパンジーと違って、背中に沿って拡がっているのでなしに、類人猿からヒトへの移行の初期に外に開きはじめた。チンパンジーでは木登りで重要な筋肉が腸骨に付着しているので、この細長い骨が木登りの助けになっている。そのおかげで、チンパンジーは腕と脚を使って樹冠のなかで重い体を引っ張り上げることができる。腸骨はヒトではじめて、高さより横幅のほうが大きくなった。四〇〇万年以上も昔に初期のヒト科が現れたときに、骨盤の釣り合いはすでに横幅が広く高さが低く、現生人類に近いものになっていた。回転した腸骨は鞍の形をしていたので、臀筋が付着するスペースができた。チンパンジーでは背中のみに拡がっていた臀筋は、今度は腿《もも》の両脇と後ろを下に延びるようになった。同時にまた回転してくぼみが深くなり、骨盤の内側に、腸がおさまるコーン（逆傘形の受け）が形づくられた。歩くための機構がすべて揃った。

歩行への適応で類人猿とヒトの骨格の間で違うところとしては、プロポーションの違いもある。ヒトでは腕の骨が類人猿と比較して短くなり、下肢が長くなった。指の骨は、木登りをする類人猿の指に見られる際立った湾曲を失い、平たくなって、私たちに備わっている器用な手の指と、地面を歩く足の指になった。私たちでは親指の長さに対するほかの指の長さの比率が小さくなっており、チンパンジーの手と違って、手首から数センチ先の一点ですべての指の先が出会う。また足の親指は、類人猿では手の親指のようにほかの指と向かい合う位置にあるが（対向指）、ヒトでは他の四本の指と同じ平面に移動し、歩いている体を支えるのによりよい配置となっている（それでも人が裸足で歩く社会では足の親指は少し開いていて、木に登るときに、また道具をもつのにさえ使われる)。

深く息を吸う

自然選択は、二足歩行達成というレモン素材の一部を、進化のレモネードに利用した。私たちが立ち上がり歩きはじめたときには始まったばかりの革命的な変化を、ある種の特徴がさらに助けた。ヒトの横隔膜は膜状に編まれた筋肉で、胸郭と脊椎に付着し、おもな内臓より上方に位置している。これが収縮すると、肺による空気とまた生命の源である酸素の取り込みが助けられる。この収縮は同時にまた、血液が循環して心臓に戻ってくるのを助ける。横隔膜の形と機能はゴリラでもヒトでもだいたい同じだ。ただし先に見たように、二足動物は移動様式から呼吸を切り離していて、この点に四足動物に対する潜在的な強みがある。この切り離しによって、数百万年のちにヒトの気管は解放され、決定的に重要な役割を担うようになったのかもしれない。言葉を話すために空気の流れを調節するという役割がそれだ。

呼吸のペースと深さが、もはや四足歩行のときのように脚の踏み出しパターンに制約されなくなると、ほかの変化が起こるための材料が揃った。咽頭——食道(食物を飲み込む管で、その上端は開いて鼻腔と喉頭につながる)の上端の部分は、二足動物では大幅に再編成され拡大した。脊髄も太くなり、呼吸の運動制御がいっそううまくできるようになった。気管と鼻腔の解剖学的構造にこうした変化がなかったら、類人猿と同じく言葉は話せなかったと考える人もある。しかし類人猿の解剖学的構造には、その他にも喉頭と口蓋の形など、言葉を話すことを妨げる問題がある。

進化生物学者はすべて、行動の変化が解剖学的構造の変化に先行し、これを推し進めると考えている。

初期の何らかの形の言語と、それを用いることで得られる生殖上の利益が、解剖構造の変化を推し進めたのだろうか。これは私たちにはわからない。言葉を話したかもしれない初期の生物の軟らかい組織は化石にならなかったからだ。したがって私たちは、言語の起原については推測するしかない。初期の萌芽的な言語がどんな機能を果たしていたのか、またはじめから音声言語だったのか、それともはじめは身振り言語だったのか、それもわからない。言語を使うヒト科がいつ生まれたのかをめぐっては、五〇〇万年前から五万年前までさまざまな説があって、論争には決着がついていない。ただ間違いなく言えそうなのは、言語が、直立歩行の発生にともなう驚くべき偶然によって生じた副産物だったということだ。

直立することの欠点

六〇〇万年にわたるヒトの進化によって、ヒトは最適に設計された完璧な解剖構造のものとして作りあげられたと考える人は、自分の体をつくづく眺めたことがないのだ。自然選択によって新たなボディープランに組み込まれた利点一つにつき、解剖学的な構造や行動にいくつものジレンマが生じた。二足動物は安定を増す一方で、その力を減らした。歩くときのエネルギー効率は高まったが、木などを登るときのエネルギー効率は落ちた。妊婦にとって、直立の代償は深刻だ。自然選択で、筋肉の新たな役割に合わせて骨盤の形が変わったせいで産道が狭くなり、赤ん坊の頭はそこを無理に通り抜けなければならない。ヒトは直立したので類人猿と産道の形が異なり、そのせいで、生まれるときの経験が劇的に異なる。類人猿からヒトの骨盤の解剖学的構造へと移行が進むにつれて、腸骨は縦幅が小さく横幅が広くなって、その内側の産道は狭くなった。

妻を気づかう男性が、出産のとき分娩室で妻に付き添うのは自然に思われるが、男性がその場にいるのは西洋の出産の歴史では異常なことだ。私は一九八〇年代の終わりに、インドのラジャスタン砂漠にある村に住んでいた。人類学者である妻がそこで野外調査をしていたのだ。妻は村の女性たちと親しくなり、ここのヒンディー語の方言を流暢に話せるようになると、女性たちから出産の秘密を教えてもらった。多くの文化でそうだが、この文化でも出産は女性だけがかかわる共同体の仕事で、男性は招かれない。ある女性が出産予定日に近くなると、村の産婆など共同体の女性たちが妊婦のもとに集まり、出産を助ける。内部情報はすべて口承で代々伝わり、役立てられた。妊婦は身内や友人数人に付き添われ、過去の母親たちがもっていた、そして未来の母親たちももつことになる不可欠な知識に助けられて子供を産む。

このような協力は、善意とともに必要からもきている。出産を助ける女性たちは身体と精神の支援、言葉による支援を与えるが、自分が出産するときには同じ心のこもった介助を受けることができる。付き添い人がいなかったら、母も新生児も死亡率がはるかに高かっただろう。逆子などさまざまな異常があれば、赤ん坊は間違いなく死ぬ。デラウェア大学の人類学者カレン・ローゼンバーグに言わせれば、このような介助は生物学的な問題の文化的な解決法だ。ローゼンバーグと人類学者のウェンダ・トレヴァサンは、全世界の三〇〇近い文化の出産パターンを調査した。九〇パーセント以上で、女性はほかの女性に付き添われて出産していた。残る少数の文化では、経験の豊富な母親は介助を受けずに出産することがあったが、初産の母親がそうすることはまずなかった。農村の女性は鍬《くわ》を置いて、赤ん坊を産むと平然として仕事に戻るという私たちのステレオタイプは、おおむね作り話だ。世界中どこでもヒトの出産は試練なのだ。

私たちの親類である類人猿の間では、全然そんな試練ではない。雌のチンパンジーは出産の後半には明らかにつらい思いをする。体の向きを度々変える。苦痛がいちばん小さい体勢を見つけるためかもしれない。しかし出産の瞬間はヒトとくらべてハイスピードだ。母チンパンジーは手を下に伸ばし、新生児を産道から引き出し、腕のゆりかごのなかに抱き上げる。それを一気にやってしまう。母親がへその緒を噛み切ると、赤ん坊は完全に母体から切り離される。

さらに、ほかの霊長類の産道ではいちばん上から膣まで前後に伸びた卵形だが、ヒトの産道は途中までだけが卵形だ。そのあと、さまざまな形をとってから、最後に円形になる。ヒトが進化するにつれて、産道の形は前後に伸びた卵形から変形して、今のように複雑な形をとるようになった。その結果として、生まれてくる赤ん坊の頭は産道を降りるとき回転しなくてはならない。こうした回転がなければ、母親の体から出ることができない。

チンパンジーの赤ん坊はまっすぐ、仰向けに生まれてくる。それゆえ母親は赤ん坊を見て、予期しない問題に対処できる。へその緒が赤ん坊の首に巻きついていたら取りはずし、赤ん坊の口や鼻から粘液を拭い取ることができる。そして赤ん坊は母親に向かって腕を伸ばし、母親に協力できる。これに対して、ヒトの赤ん坊は後ろ向きの姿勢で生まれてくるので、母親には赤ん坊が見えないし、手を差し伸べることもできない。たとえその瞬間に赤ん坊を産道から引き出すすべがあっても、そうすると、苦しい姿勢になるので脊髄を傷める危険がある。母親は、へその緒も赤ん坊の顔も見ることができない。

介助を受けた出産は、骨盤の解剖構造の変化で出産がむずかしくなるとすぐにはじまったにちがいなく、母親たちは互いに助け、助けられる利他行動をしはじめた。正確にいつ回転をともなう出産が発生したのかは、わかっていない。ローゼンバーグとトレヴァサンが正しければ、確かなことが一つある。最初期のヒト科の雌は、人類史上初の医療処置をおこなったのだ。

カーブを投げる

脊髄が新たに使いにくい状態になったことから、さらに問題が生じた。背骨を形づくる二四個の脊椎骨の鎖は、下の端で融合した仙骨と尾骨とともに、しなやかでありながらしっかりした支えとなる。脊椎骨の間にはコラーゲン繊維の円盤が衝撃吸収材として挟まっていて、これは背骨の長さの四分の一を占める。

自然選択によって、私たちの背骨にはほかのどの哺乳類も必要としないカーブが組み込まれた。重心を足よりずっと上に保ちながら最大限の可動性を維持しなければならない二足動物にとっては、上下にまっすぐにのびる脊柱では役に立たない。チンパンジーの背骨には、私たちの背骨にある大きな湾曲がない。頭は体の前にぶらさがっている。私たちの頭は体の頂上で具合よく揺れていなければならない。首はゆるやかに前に突き出た湾曲によって、頭の動きに合わせて曲がる。首はまた同時に、脊髄が頭骨に入る部分を保護する、上のほうの脊椎骨は、四足動物と比べれば運動範囲を制限することによって、安定化装置の役目を果たす。

脊椎をすこし降ったところにはまた別の湾曲があって、脊柱が少し押し戻されている。成長する胎児にもとから組み込まれていたものだ。その下にまた前に突き出した湾曲が、いわゆる腰椎前湾の形をとる。そして最後に背骨の尻尾のところに、ちょっとした湾曲がある。腰椎前湾は男性よりも女性で顕著であり、多くの病気の原因になっている。背中の下方の問題は、ヒトという種を苦しめる病気のなかで最も広く見られるものかもしれないが、その原因はしばしばこの部分にある。女性が妊娠し、液体と胎児の入った袋を抱えているせいで重心があまりにも前にずれて、腰椎の湾曲では不十分になると、背中の下部に問題が生じる条件が整う。

同時に、研究者のなかには、女性の仙骨が急激に後ろに曲がっていること、および最後の二つの脊椎板が楔《くさび》形をしていることと腰椎前湾があいまって、初期のヒトで回転をともなわない出産が可能になったと考える人もいる。脊柱は腰椎前湾があるおかげで、まっすぐなものよりはるかに強くて安定した組織になった。これは二足歩行よりあとに生じたようだ。霊長類の化石の専門家であるアラン・ウォーカーとパット・シップマンの報告によれば、一〇〇万年以上前のホモ・エレクトゥスの腰椎前湾は私たちのに似ていたが、最初期のヒト科の腰椎前湾は、もっと現代的なヒトのそれほど大きくなく、顕著でなかった。また背中の下部にある脊椎骨の数は、アフリカの類人猿では四つ、現生人類では五つだが、奇妙にも最初期のヒト科では六つだった。四つから五つへの変化は類人猿の分派が初期人類に進化するときに起こったもので、副産物としてのちに腰椎前湾が発達する道を開いたのかもしれないとウォーカーとシップマンは推測する。こうした違いから、最初期のヒトの足取りは現生人類の歩き方とは異なっていただろうと考えられる。

頭を冷やす

イヌは暑いときハーハーと息をし、そこら中によだれを垂らしてしまう。私たちは汗をかく。大量にかくこともある。野球のピッチャーは七月の暑い日の午後に九回を投げる間に、体液を四五〇〇グラムほど失う。汗をかく能力を失った人は——ニューヨーク・ヤンキーズの名選手ホワイティー・フォードが選手生活の終わり頃にこの医学的問題に直面した——、命にかかわるほど体温が上がる深刻な危険がある。初期人類が直立歩行しはじめたとき、歩いて森のなかから熱帯の焼けつくような陽射しのなかに出てきたのは間違いない。ほかのどんな温血動物とも同じように、体を冷やすすべをもっていたにちがいない。

多くの哺乳動物が、動脈の血液から、それより温度が低くて静脈を流れて心臓に戻る血液に熱を移すという複雑なシステムを用いている。ところがヒトにはこのシステムがない。初期人類ははじめて森の外を歩いたとき、体を冷やすすべを見つけなければならなかった。四足動物が暑い赤道地帯の陽射しのなかで長距離を歩けば、広い背中が日にさらされる。これは急速に効率よく熱を放散する適応がなにかない限り、たちまち高体温を招く。

二足歩行をする動物の立場は、これよりも有利だ。陽ざしは頭と肩のてっぺんにしかあたらない。また二足動物である私たちは、四足動物より頭が少し高いところにあるおかげで、相当温度の低い空気に当たることになる。この高さでは地表すれすれよりも風速が速く、温度が低いからだ。毛でおおわれていないことも助けになる。毛は熱を封じこめてしまう。

しかし直立することで、新たな問題も生じた。重力に逆らって、血液を頭に押し上げなければならないことだ。絶えず水平から垂直に体の向きを変える動物の大半は、循環器系のうちに重力に対抗する特徴を獲得している。ヘビが木などを登るとき、前のほうに位置して血を流れつづけさせるようにできている心臓を含めて、循環器系の適応によって頭にゆく血流のパターンが根本的に変わる。キリンが脚を広げ、優美な首を水たまりに下ろしてまた持ち上げるときにも、同じことが起こる。特殊な弁と組織のラップとポンプが、体の下のほうで血液がたまるのを防いで頭に押し上げる。重力が血管に及ぼす影響は、どんな液体の柱に及ぼす影響とも同じものだ。血液を含めてあらゆる液体が直立した管のなかで示す動きに、重力の影響は及ぶ。キリンが首を下ろし、また上げるとき、弁と組織ラップとポンプが血液を体の下のほうから頭に送るのだ。

人が横になると血液は頭から去って、頸静脈を通って心臓に流れ込む。しかし立ち上がると、血液は脊髄を取り巻く静脈の形づくる大きなネットワークを通って流れる。このネットワーク、脊椎静脈叢は、頭から脊髄の下の端にまで及んでいる。血液をどんなに細い血管にも流し、血液の流量を押し上げる。

このルート変更によって、二足動物は重力に逆らって効率的に血液、したがって酸素を体の隅々に行き渡らせることができる。ヒトはいつこの適応を遂げたのだろうか。化石をよく調べると、化石化した硬い骨に静脈を含む軟らかい組織のへこみが見つかることも多い。化石は、はっきり異なる二つのグループに分かれる。ダートのアウストラロピテクス・アフリカヌスから現代のホモ・サピエンスまで、ヒトの系統の現代に近い範囲では脊椎静脈叢があったというはっきりした形跡が見られる。もう一方のもっと古いグループには、そんな形跡は見られない。その代わり古いヒト科には、頭蓋骨の後部の内側に深い溝として現れている大きな静脈洞が備わっている。この溝は現生人類にも四足霊長類にもめったに見られず、最初期のヒトの頭蓋から血液を引かせるために自然選択によって選ばれた方法だったと考えられる。

ニューヨーク州立大学オルバニー校のディーン・フォークとワシントン大学のグレン・コンロイの両人類学者は、この知識をヒトの化石に当てはめた。そしてこう推論した。循環器系の経路調節が、最初期のヒトの生活と生息環境を理解するうえで鍵になる。二足歩行への移行が起こったとき、これにともなって、垂直に立つようになった体のなかを血液が上下する仕方が変化したにちがいない。

とくに脳は、熱くならないようにしなければならない。ほかの部分にくらべて脳は、熱くなりすぎることによる危険が大きい。脊椎静脈叢は、初期の人類が陽射しを浴びた開けた草原に出ていくなかで、急速に膨張する脳を冷やすために発達したのではないかとフォークは示唆する。この考えは刺激的だ。循環器系は、大きくなっていく脳が熱くならないようにするためのラジエーターであるというのだ。これによって、ある系統では脳の膨張が可能になったが、別の系統ではそうならなかった。フォークが正しければ、先史時代には頭蓋から血液を流れ去らせるやり方が二とおりあった。一つは、私たちの直接の祖先である初期のヒト科がとったやり方だ。もう一つは、現代に子孫を残さずに絶滅した系統によって用いられた。つまり私たちの祖先のうちどの種が直接の祖先であり、どれが進化史の編集室で没になったかを判断する基準として、脊椎静脈叢を用いることができるというのだ。

4 拡張された家族

それゆえ進歩は偶然でなく必然である。
——ハーバート・スペンサー『社会統計学』

二〇〇〇年にミーヴ・リーキーの率いる化石研究者のチームは、リーキー家の暖炉の上に飾られる新たなトロフィーをもたらす発見を発表した。一九九八年以来、この科学者チームはトゥルカナ湖西岸にあるロメクイというところで新しい化石をいろいろ掘り出していた。これらの生物は、有名な化石人類ルーシーとその兄弟姉妹たちと同じ時代のまっただなかに生きていた。新しい化石の骨からは、私たちの属するホモという属(ヒト属)の初期の代表に似た顔と歯をした初期人類が浮かび上がった。リーキーは新しい化石が、それまで発見されていたものとあまりにも違うと考えて、それに新たな種名だけではなく新たな属名をつけた。ケニアントロプス・プラティオプス(平たい顔をしたケニアの人)だ。リーキー一家はこの発見を吹聴した。ルーシーでなく、チンパンジーとヒトの特徴がモザイクになっているケニアントロプスこそ私たちの祖先かもしれないというのだ。その二〇年前にルーシーを見つけていたドナルド・ジョハンソンと張り合っていたリーキー家にとって、ケニアントロプスを見つけたのはまさに快挙だった。いま科学者たちは、リーキー一家の主張が分類学的に行き過ぎかどうかをめぐって論争している。ケニアントロプスはルーシーと同じ種に属していて、ただ少し違う変種にすぎないかもしれない。しかし四〇〇万年ほど前に、このあたりは混み合ってきていた。その事実は一つのことを指し示している。ゴリラ、チンパンジー、ボノボがすべて今日アフリカの同じ地域で暮らしているように、初期のヒト科でも多くの種類が同時にここに住んでいたのだろう。知られている標本やまだ発見されていない多くの標本が、ヒト科の黄金時代を形づくっていた。

だからこそ、進化の梯子という古くさい観念は間違っているのだ。私たちは梯子の段を昇ることによってヒトになったわけではない。私たちがここにいるのは、私たちの急速に伸びていく系統樹が自然選択によって刈り込まれたとき、その大鋏から逃れたからだ。類人猿とヒトの間にミッシング・リンクなどない。ヒトという種は、広い地域に分布していた膨大な遺伝子プールから組み立てられた。新しい特徴――たとえば少し直立に近い姿勢――が、突然変異によってある集団に現れるかもしれない。するとそれは、その集団の個人がほかの集団に移るにつれて、ひろがってゆく。その結果として、その動物の姿かたちを決める暗号からなる遺伝子プールは、たえず移り変わることになる。その種のどの個体も祖先とは呼べない。特徴が積み重なってモザイク的なボディープランが生じたのだ。

私たちは、新たな一つの系統の最初の個体を目にすることはない。私たちが普通見つける化石は、何世代もあとの子孫のものだ。現に、ある生物学者チームが最近唱えている説によれば、最初の霊長類は私たちが考えていたより何千万年か前に現れたという。私たちが誤りを犯したのは、化石がどれほど断片的か、また多くの初期の種が未発見である可能性がどれほど大きいかを忘れがちなことによる。

私たちには混沌から秩序をつくりだそうとする衝動がある。私が誰かにあらゆる形と大きさの事物であふれかえった箱を与えれば、誰でもまず本能的にやることは、中身を色、大きさ、用途そのほか適切と思われる何かの基準で分類することだ。私たちは生まれつき、ものを分類する生物なのだ。私たちは分類せずにいられない。また私たちは直線的に思考し、A点とB点の間の論理的関連を探す。それが存在するかどうかにかかわらず。どんなに優れた人でも単純で直接的な論理的な道筋を見つけようとして、ある問題に複数のレベルがあることを軽視し、あるいは無視する。

しかし自然選択による進化は膨大な変異でも辛抱するどころか、奨励もする。一つを選び出すよりも多様性を促進する。系統樹は繰り返し枝分かれして、最後に残った小枝がホモ・サピエンスだった。ヒト科が繁栄したのはひとえに、いいときにいい場所に現れたからだ。進化の歴史のなかで私たちは最新の成功物語だが、おそらく最後のではないだろう。そしてほかのどの成功物語とも同じで、状況がすべてだった。

四足動物から半二足動物へ、かなり効率的な二足動物へ、そして本格的な二足動物への直線的な前進などなかった。二足歩行動物の新たなモデルが数多く失敗し、古生物学者は、しばらくのあいだ成功したほかの二足動物の化石を見つけて困惑する。大成功を収め、広い地域で多様な生息環境に分布したものも少しいた。私たちが知っている初期のヒト科の種はアウストラロピテクス・アファレンシス（ルーシーとその親類）、アウストラロピテクス・アナメンシス（リーキー一家が最近発見した種）、最近発見されたアウストラロピテクス・ガルヒ（最初の肉食者と思われる種）、「頑丈型」の猿人（臼歯が大きすぎるせいで、こう名づけられた）、ホモ・ハビリス（私たちの属で最も古い種）、謎のアルディピテクス・ラミドゥス（最も原始的なヒト科の有力候補）。そして今やリーキー一家が発見した新しいケニアントロプス・プラティオプスの標本も数に入るかもしれない。さらに類人猿かヒトか定かでない化石がいくつか見つかっている。オルロリン・トゥゲネンシスと「トゥマイ」、サヘラントロプス・チャデンシス。

これはたいした数ではない。ほんの数種だ。それぞれ、その時代と場所に適応していた。人類の多様化は哺乳類の基準で言えば小さいので、二足歩行を理解するのはむずかしい。私たちの祖先は、比較的少数の種から成り立っていた。しかし地球の歴史は、二足動物の大増殖を特徴としている。だから最初期のヒトが進化のうえでもっている重要性を考える前に、一歩下がって、地球の歴史のうえでヒト以外でただ一つ、大型二足動物が多様化した例を見てみよう。

ジュラ紀の教訓

誰もが知っているとおり、恐竜には、鳥のミチバシリのように二本脚で歩くものから、四本脚でのそのそと歩く巨大なものまで、ありとあらゆる形と大きさのものがあった。最初の恐竜たちはどれも小さく、肉食で、二足歩行をした。長い間に前脚は退化して、ものをつかむ鉤状のものになった。獲物を捕えて食べるのに役立ったのだろう。七歳の子供が誰でも名前をそらんじている巨大な恐竜はすべて、これら小さくて獰猛な直立して走る恐竜たちから進化したものだ。

恐竜はヒト科を除いてただ一つ、生きるための戦略として二足歩行を発達させた多様な動物群だ。二足恐竜のなかにはティラノサウルス・レックス（最近ティラノサウルス・レックスを最大の捕食者の座から追い落とした恐竜）といった巨大な捕食者、ハドロサウルス（カモのくちばしのような口をした恐竜）やパラサウロロプス（丈の高い司教の法冠のようなとさかをつけた恐竜）など、のしのしと歩く二足草食動物がいたし、猛禽を含む小型中型の肉食二足動物もたくさんいた。四足恐竜はこうした二足恐竜が進化したものだ。また、イグアノドンのように、時には四足歩行もしたが普通は二足で歩くものもいる。

二足恐竜の繁栄はある程度まで歴史の偶然だ。初期の二本脚の恐竜に自然選択が働いて、体の大きさや歯の変化など、体の各部分にさまざまな変化が生じた。恐竜の時代に直立歩行という主題で多くの変奏曲が現れた。直立する二足恐竜もいれば、もっと水平方向に近いものもいたし、競走馬のように速く走るものもいれば、むしろカバのように動くものもいた。ハドロサウルスは、群をつくって、のしのし歩いていたことはほぼ間違いなく、一日の一部は四つ足で過ごしていたかもしれない。捕食者ではなく草食動物だった二足恐竜は少なく、その一つがハドロサウルスだった。ティラノサウルス・レックスは、のそのそと歩き、そののろい足では生け捕りにできない大きな動物の死骸をあさっていたのか、それとも、効率的な捕食者で、トラがシカを追い詰めるように獲物を追跡したのかをめぐって、古生物学者は論争している。

二〇〇〇年の末、カーネギー自然史博物館のデーヴィッド・バーマンが率いる古生物学者のチームは、二億九〇〇〇万年前の化石爬虫類を発見したと発表した。エウディバムス・クルソリス（暁の走者）とチームが名づけたこの生物は、明らかに速く走っていた。後肢が前肢よりずっと短かった。速く走れる動物の常として、脚はめいっぱい伸ばすと真っ直ぐになるようにこうなっていた。エウディバムスは、必要があれば後ろ足で立って全速力で疾走し、それ以外のときには四つ足で休むか歩くかした。

この小さな爬虫類は走るときほぼ垂直の姿勢を維持した。この姿勢が恐竜の祖先に現れたのは、それから六〇〇〇万年のちのことだ。つまり最初の恐竜が現れるはるか前に、恐竜が何百万年もかけて獲得した垂直姿勢で走る二足爬虫類がいたのだ。このことから、二足動物になることは必ずしも凡庸な四足歩行から優雅な直立歩行へと、長くゆっくり前進することではないのがわかる。むしろそれは、自然選択が手持ちの材料でやりとげて成功した多くの実験の一つにすぎない。

私たちは恐竜を見るとき、二足動物らしさの程度が低いものから高いものへの進歩が見られるとは予想しない。またあらゆる種あるいはあらゆる時代に、一様な類型の二足歩行があるとも予想しない。異なる気候、生息環境、食生活に、それぞれ異なる種類の直立歩行が適合したのだと理解している。二足歩行に向かう進歩の神話はヒトの姿勢の研究にはしっかり根を張っているが、恐竜の研究には存在しない。恐竜は絶滅しているので、私たちは恐竜を進化史上の失敗、自分たち自身を進化史上の成功物語と見なす。だが恐竜は一億五〇〇〇万年にわたって繁栄していた。私たちヒトという種が地上に現れてからこれまでに過ぎた年月のおよそ三〇倍だ。私たちは二足歩行がうまいので、私たちは初期のヒトの二足歩行を、現生人類に向かう進化と見る。二足歩行の発達に対する私たちの見方は、まったく不当にも人間中心だ。恐竜は、二足動物は四足動物よりも、そして完全な二足動物は不完全な二足動物よりも優れているという見方が私たちには染み付いているが、恐竜はこの見方に対する有益な中和剤となる。

地球の歴史で五〇〇万年前から二〇〇万年足らず前までの時期は、人類の二足歩行の生物多様性が最大の時代だった。およそ六〇〇万年前に類人猿とヒトの分かれ道が現れ、ここで直立姿勢の採用を主要な適応的変化とする新たな一系統が生じた。そこから、多様な二足動物が東アフリカの大地に拡がった。南や西にも拡がったかもしれない。ここ数年に発見された化石から、二足歩行は私たちの進化のごく初期に生じたと推測される。

リーキー一家は、ケニアントロプスがルーシーの王座の正統な継承者だと主張するずっと前の一九九四年に、別の化石人類を見つけていた。ケニア北部の二か所の現場、カナポイとアリア・ベイで、ケニア国立博物館のミーヴ・リーキー率いるチームが原始的なヒト科の動物の断片的な遺物を見つけたのだ。下肢はルーシーに似ていたが、歯とあごはむしろチンパンジーに似ていた。リーキーのチームはこの標本をアウストラロピテクス・アナメンシス（アナメンシスは土地のトゥルカナ語で湖の意味）と名づけ、のちにこの化石の年代をおよそ四一〇万年前とした。これで、この化石はルーシーより少しだけ古く、当時知られていた最古の二足動物となった。いくらか論争はあったが、権威ある学者の大半は、一九九〇年代に新たに見つかった種を初期のヒト科の種と認めた。

ここで、たいへんよく似た二つの種の化石が本当に一つの種ではないと確信できるのかと疑問をいだくのはもっともな話である。何しろ、チンパンジーとボノボは社会生活と生殖生理の点で異なるが、古生物学者が骨格だけをもとに両者を異なる種と認定するのはむずかしいのだ。また、一群の骨のなかに大きなヒト一人と小さなヒト一人が含まれていたら、二つの種かもしれないし、同じ種の雄と雌かもしれない。

違いは統計によって解決できる。絶滅した類人猿とヒトの大きさの範囲が、現存するもののそれと同じくらいだとしておく限りでは。しかしいつもそう考えて差し支えないわけではない。基準点として利用できる現存種の数が少ないからだ。

アーカンソー大学の生物人類学者マイケル・プラヴカンは、最も広く用いられている統計尺度でも、いろいろな大きさの骨の寄せ集めを、大きさの変異の幅が広い一つの種と見なすべきか、それとも複数の種と見なすべきか決定できないことを明らかにした。プラヴカンは、よく知られている数種のアフリカのサルにこの尺度を当てはめ、驚くべき結果を得た。この基準では、どの種もはっきりとは区別できなかったのだ。このことから、世界の博物館の棚に置かれている多くの標本のなかにもアフリカの荒野にも、ヒト科の種の化石がそれと認識されずに隠れているかもしれないと用心しなければなるまい。八種から一〇種が含まれている現行のヒト科の系統樹には、私たちが手にしているわずかな骨の標本からでは区別できない種が数多く隠れているに違いない。たとえば私たちがアファレンシスと呼ぶ種は、エチオピア、タンザニア、チャドのそれぞれで異なる種だったのかもしれない。

さらにまた、化石に残っている種と私たちが呼ぶものと生物学者が現存種と呼ぶものの間には厄介な違いがあるので、初期のヒト科にどれだけの種が存在したのかははっきりしない。その数が確実にわかることはないだろう。人類は現れてからまだ二〇〇万年ほどしか続いておらず、ヒトの化石は恐竜の化石よりずっと地表面に近いところで見つかるからだ。またヒト科は一つの大陸だけに出現したし、化石の保存に適した環境は限られている（やわらかい組織や行動にあらゆる違いがあることを念頭に置こう）。

ケンブリッジ大学の古人類学者ロバート・フォーリーは、初期のヒト科のアフリカでの分布、および初期のヒト科がおそらく生息していたがまだ化石が見つかっていない地域での分布の推定に基づいて、初期のヒト科の多様性は、私たちが考えるよりずっと大きかったと見積もっている。やる気まんまんの若い化石ハンターが手つかずの地域で宝物を見つけるまでは、ただ推測するしかない。

しかし化石の発見が着実に積み重ねられてきたおかげで、化石と二足歩行に対する私たちの見方は、今では一九七〇年代にくらべれば、はるかに多くの情報に基づいている。今日では、四〇〇万年前までにヒト科はすでに文句なしの二足歩行をおこなっていたことがわかっている。厄介な問題は、なぜどのように二足歩行が発達したのかを明らかにするのに、こうした化石があまり役に立たないことだ。したがって私たちは、ヒトに似たさらに古い化石に情報を求める。アルディピテクス・ラミドゥスはヒトの系統樹のうえで謎めいた位置を占めている。一九九四年、その二〇年前にドナルド・ジョハンソンがルーシーを見つけたところから遠くないエチオピアの荒地でカリフォルニア大学バークレー校のティム・ホワイト、東京大学の諏訪元、エチオピア国立博物館のベルハネ・アスファウが掘り出しものを見つけた。ごく初期のヒトの祖先の化石がいくつも埋まっているのを発見したのだ。ホワイトと諏訪とベルハネは、自分たちが見つけた新しい化石をアルディピテクス・ラミドゥスと名づけた（アルディピテクスは大地の「サル」という意味。解剖学的な構造が地上生活をする動物のものだったのでこう呼ばれた）。これは、その年代の点で驚くべき化石だった。四五〇万年近く前のもので、それまでに発見されていたヒトの系統で最古の種だった。その後の現地作業でさらに古い骨片が見つかり、この生物の年代は六〇〇万年近く前までさかのぼった。

この種が見つかったアラミスは化石ハンターのあこがれの地となり、発掘作業がつづくなかでさらに遺物が見つかっている。六〇〇万年前から四〇〇万年前までアラミスは鬱蒼とした高地の森で、私たちが今日のアフリカの熱帯林と結びつけて考える多くの動物種が数多く生息していた。ホワイトと諏訪とベルハネのアルディピテクス・ラミドゥスは、森の類人猿のように暮らしていた。現生のチンパンジーやボノボが直立動物として生まれ変わったようなものだったかもしれない。アルディピテクスの重要な特徴のなかには、まだわかっていないものがある。九〇あまりの標本のうち最も完全な標本が、もろい岩石の基質からまだ掘り出されているところだからだ。ホワイトと同僚たちがこの発見を発表した論文は、歯に基づいて、類人猿によく似たヒト科の動物の姿を描き出した。原始的な直立歩行をしていたかもしれないということだった。あるいはヒト科に似た類人猿と言うべきかもしれない。二足歩行は長らく、化石にヒト科の地位を与えるための基準だったからだ。ホワイトは、アルディピテクス・ラミドゥスはのちに現れるヒト科の祖先かもしれないと考える。発掘が完了すれば、ヒトの系統樹についてまったく新しい展望が得られるかもしれない。アルディピテクス・ラミドゥスが完全な二足歩行をしていたのではないとすれば、さまざまな問いの答えを握っているかもしれない。一つの系統だけが私たちを生み出したのだが、完全あるいは半ば二足歩行をしていた動物はすべて、ある類人猿の祖先から放散してきたのかもしれない。

二〇〇二年にはまた別の化石の発見が発表されて、これはヒトの系統樹のアナメンシス、アファレンシス、ラミドゥスが乗っている枝を揺るがせるものになるかもしれない。フランスの古人類学者ミシェル・ブリュネが率いるチームが、アフリカ中西部のチャドのサハラ砂漠で原始的なヒト科あるいは類人猿の遺物を見つけたのだ。チームはこの化石にトゥマイというあだ名をつけた（学名としてはサヘラントロプス・チャデンシスという呼び名を与えた）。この化石が注目されたのは年代のせいだ。同様の化石動物が埋まっているほかの現場とくらべて、六〇〇万年から七〇〇万年前と推定された。頭骨の底を見ても、脊髄が垂直に通っていたかどうかはっきりしないので、トゥマイが二足動物だったのかそれとも化石ゴリラにすぎなかったのか、まだ科学者にもわかっていない。またこの古い年代は間違いで、トゥマイはすでに知られているほかのヒト科の種と同時代に生きていたと考える権威者もいる。しかし、この頭骨はここ数十年の間に発見された最も刺激的な化石だと考える専門家もいる。

二〇〇〇年、ケニア国立博物館のマーティン・ピックフォードとパリ大学のブリジット・セニューが、ケニアのトゥゲン・ヒルズでヒトに似た六〇〇万年前の化石を見つけた。二人の研究者は、この化石をオルロリン・トゥゲネンシス、通称ミレニアム・マンと名づけ、まさに最初の二足歩行をしたヒト科の種かもしれないと唱えた。だが骨の外見は類人猿によく似ていたので、人類学界のおおかたはこの推測に反対している。論争はつづいているが、ミレニアム・マンはミレニアルのエープ、つまり現生のチンパンジーやゴリラの長らく見つからなかった祖先だとわかる可能性は大いにある。

初期のヒト科が二足動物だったとはかぎらないとすれば、初期の二足動物も、ヒト科だったとはかぎらない。直立がヒトへの進化の準備段階とはかぎらないことのいい例は、クッキーモンスターというあだ名のある化石類人猿オレオピテクスだ。バルセロナ大学古生物学研究所の古生物学者マイケ・ケーラーとサルバドール・モヤ＝ソラは、オレオピテクスの一種の遺物を調査した。この動物は七〇〇万年か

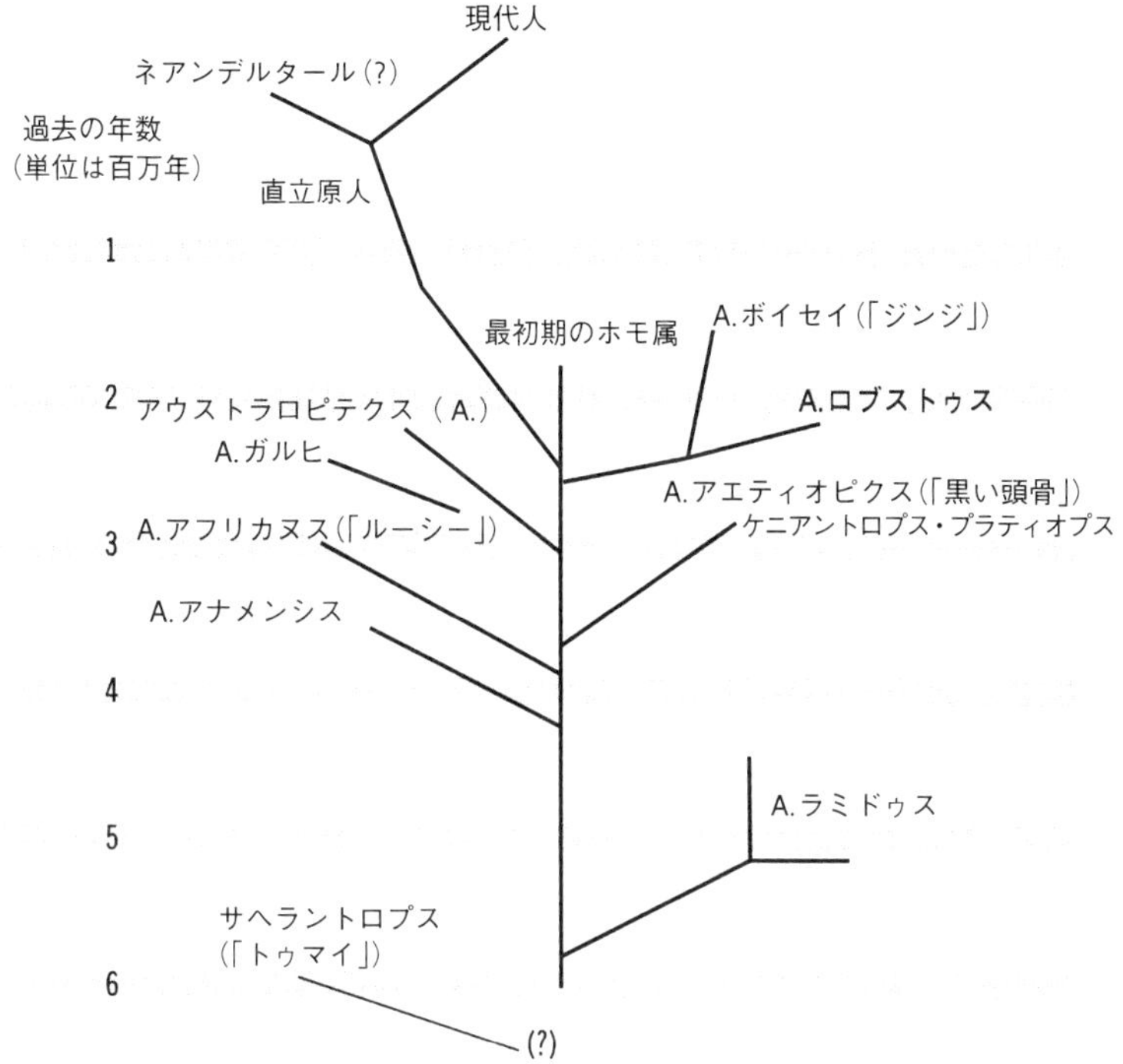

こんにち考えられるヒト科の系統樹。多くの枝は幹とのつながりでも、相互のつながりでも、不確実なところがある。チャドから出土したトゥマイという化石類人猿(あるいは原始のヒト科動物)の不確実な地位にも注意。

ら九〇〇万年前に地中海の島に棲んでいた。研究者たちは、足を再構成した結果を見て、考え込んだにちがいない。この類人猿の足は、現存の、あるいは絶滅している類人猿やヒトのいずれにも似ておらず、その中間だった。地面の上を歩くとき、指がゴリラの指のようにわきに突き出し、しかも、親指はほかの指から大きくはずれたほうを向いているので、この生物の足は三脚に似ている。普通の類人猿のように敏捷に木に登るためというより立った体を支えるためのものだ。研究者たちは、生きていたときこの動物がどんな様子だったかを知る手がかりとして、骨格の変わった点をさらにいくつか指摘する。第三章で、現生人類では下のほうの脊椎板が楔《くさび》形をしていると述べた。オレオピテクスにも同じ楔形が見られる。そして、骨盤の解剖学的構造が、現存している類人猿と絶滅している類人猿のいずれよりも初期のヒト科に似ていた。

ケーラーとモヤ゠ソラは、オレオピテクスは二足類人猿だったと結論づけている。けれどもこの生物を、化石類人猿と化石人類をつなぐものとして長らく探し求められてきたミッシング・リンクとは考えていない。むしろこれは、ヒト科が出現する前から自然選択による二足歩行の実験がおこなわれていた証拠だと考えている。この化石の年代、独特な生息環境、類人猿の特徴を示す解剖学的構造から、そう結論づけるのだ。発掘現場はイタリアにある。この類人猿は、島の環境で進化した現代の生物の多くに起こったことの太古の例だったと研究者たちは論じる。捕食者がいなかった（現場に見つかっていない）ので、オレオピテクスは木から降りて地上をぎこちなく歩き回る楽なやり方で、二足歩行を発達させたのだと主張する。

研究者のなかには、オレオピテクスの遺物についてのこの解釈に疑問を呈し、オレオピテクスは、垂直に木登りをした祖先が表面的には二足動物に似た骨格を残すいい例にすぎないと論じている。しかしケーラーとモヤ＝ソラによる再構成が正しければ、彼らの解釈はまったく筋が通っている。二足歩行は、しかるべき環境ではうまくいく一つの食料採集の戦略なのだ。二足歩行には、四つ足で立ったり歩いたりすることと比較して何も特別なところ、高貴なところはない。またこの解釈から、ヒト科の進化の初期には二足歩行は多くの生息環境で多くの形をとり、今日さまざまな樹上動物が木登りにさまざまな形で適応しているのと同様に、それぞれがある種の食料採集行動や移動行動に適していたのかもしれないとも考えられる。

逆行進化?

古人類学界のおおかたは、アウストラロピテクス・アファレンシスをヒト科の系統樹の幹に当たる種の候補と認めているが、近年これに異論を唱える研究者が現れ、人類の化石に対する私たちの見方をしばしば特徴づけるように思われる魔術的思考に陥っている。南アフリカの研究者リー・バーガーはアウストラロピテクス・アフリカヌスの原始的な脚の骨を記述して、アフリカヌスはアファレンシスよりあとに現れた種であるのに、その二足歩行の形態はむしろ原始的だとした。これは難問だった。どうしてある種よりあとに、それより歩く姿勢が類人猿に似ている種が現れたのか。バーガーによる標本――南アフリカのステルクフォンテインで見つかった脛骨――の分析がまずかっただけだと考える専門家もいる。バーガー自身は、自分の標本には「進化上の逆行」が起こった可能性があると考えている。このような考えを推し進めるものとして、自然選択がどのように働くかについての単純すぎる理解がある。それに、東アフリカでなく南アフリカを人類の揺籃の地としたいという願望もあるかもしれない。進化が南アフリカで逆向きに働いたということも考えられないではないが、もっとましな説明の前ではきわめて可能性が小さい。三五〇万年前には、自然選択によって姿勢と足取りはあれこれ手直しされていた。南アフリカで一つの形が生じ、少しあとに東アフリカで別の形が生じた。燃える建物にかけた梯子を登る消防士のようにさまざまな種をぜひとも順番に並べなければならないと化石ハンターは感じるが、これは化石ハンター自身の世界観の反映であり、多くの混乱のもとになっている。

頑丈な世界観

ルーシーとその親戚のアウストラロピテクス・アファレンシスのことは、次の章で論じる。ルーシーの種は四〇〇万年近く前から三〇〇万年足らず前まで一〇〇万年にわたって地球上で生命を享受した。これは、ホモ・サピエンスがこれまで地球上に存在してきた時間の六倍だ。新たなアウストラロピテクス属の猿人として二五〇万年前に東アフリカで生きていたアウストラロピテクス・ガルビが発見され、アファレンシスの直接の子孫をめぐる論争は複雑になった。

この発見は一九九九年に発表された。化石の専門家であるエチオピアのベルハネ・アスファウと、その師だったティム・ホワイトがこの化石を発見した。場所は、ホワイトがアルディピテクス・ラミドゥスを見つけたエチオピアの荒地の名高い発掘現場に近いところだった。アウストラロピテクス・ガルビは、知られていたほかのどのヒト科の化石とも大きく違っていた。顔が突き出し、前歯と奥歯がたいへん大きい。腕は長く、ほとんど類人猿の腕だったが、脚も長くて、ほかの原始的な人類より長かった。

この新種はアファレンシスの子孫の可能性があり、ヒト属に含まれる初期の種の直接の祖先の有力候補だ。また、それとともに発見されたものの点でも重要である。それは石器だ。チンパンジーのような生物によってつくられ用いられた可能性が大きい単純な石器で、そのおかげで、知られている最も早い道具使用の年代が、それまでに見つかっていたものの年代よりさかのぼり、非常に原始的な人類さえ動物を殺し、食べていたことがわかる。全体として、これによってヒトの系統についての理解は大混乱に陥った。この地域あるいはこの時期に新たなヒト科の種が見つかるとは、誰も予期していなかったからだ。このこと自体も、化石の記録がいかにまっすぐ直線的につながるものでないし、不完全であるかを雄弁に物語っている。

アウストラロピテクス・ガルビの時代のすぐあとでヒトの系統樹は枝分かれした。細いほうの枝は独特な人類集団につながった。臼歯が大きくて強力なことから、まとめて頑丈型《ローバスト》猿人と呼ばれるものだ。

最初に見つかった種は、ルイス・リーキーとメアリー・リーキーの出世につながる発見でもあった。イングランドから布教活動のために東アフリカに移住した一家の息子であるルイス・リーキーはアフリカで育ち、ヒトの起原の鍵はここで見つかると昔から信じていた。何年も乏しい予算で、あちこちでこつこつと化石探しをしたが、努力が報われるような発見はあまりなかった。一九三〇年代から妻のメアリーとともに、オルドヴァイ峡谷《ゴージ》に毎年旅した。当時ここには乾期にしか行けなかった。リーキー夫妻は数週間におよぶ調査旅行の間、人知れず長時間作業をした。やがて努力は報われると信じて。

一九五九年、メアリーは驚くべき頭骨を見つけた。リーキー夫妻は、最初に見つかる初期人類の頭骨はチンパンジーに似たものだと予想していたかもしれないが、メアリーが見つけた頭骨は、二人が想像していたどんな類人猿にも似ていなかった。頬骨が張り出し、前歯は小さく、顔面は押し込まれたように平らだった。頭蓋には、てっぺんを前後に隆起が走っていて、古代ローマの兵士がかぶった兜のつくりかけのようだ。この前立てがあるおかげで頭蓋の表面積が拡大して、ものを噛む筋肉がつく余地がふえた。こめかみに指を当て、ものを噛む動作をしてみれば、扇形の側頭筋が働いているのが感じられるだろう。骨性の頭飾りがついているせいで、この生物、アウストラロピテクス・ボイセイは、その生息領域に棲んでいたほかの動物が食べていた殻の硬いものを噛み砕くのに必要な力強い筋肉をもつことができた。この地域の住人には、ほかの初期のヒト科の種もいたかもしれない。

新しい化石のもう一つの際立った特徴は、大きな臼歯とは著しく対照的に前歯が折れ残りのように小さいことだった。この小さな前歯から、リーキー夫妻はこの標本をナットクラッカー・マンあるいはジンジャントロプス・ボイセイと呼んだ。アウストラロピテクス属の一員であると認識されるまで科学界でジンジと呼ばれたこの頭骨は、人類学界に大騒ぎを巻き起こした。ついにはじめて、初期人類の起源が東アフリカにあったという確固たる証拠が現れたのだ。この動物が見つかった場所は、それより数十年前に南アフリカで成し遂げられた発見を確認するものだった。

またジンジは、初期人類が多様であること、そのがっしりした頭骨がタウング・チャイルドのきゃしゃな頭骨と対照的であることを示した。そしてリーキー夫妻による発見によって、初期人類がアフリカ全体に拡がっていたことが明らかになった。南アフリカではアウストラロピテクス・ボイセイに対応するものとしてアウストラロピテクス・ロブストゥスが、一九三〇年代に医師兼化石ハンターのロバート・ブルームによって石灰石採掘場で発見されていた。

アファレンシス、ガルヒ、ダートのアフリカヌスは植物を食べ、肉もいくらか食べただろう（肉食の証拠はガルヒについて最もしっかりしており、ほかの二つについては状況証拠しかない）。一方、頑丈型猿人の臼歯には、もっと硬い食物による磨耗が見られる。高性能の顕微鏡による検査では、きわめて繊維が多くて殻が硬いものを食べていたことを示すパターンが見られる。こういうものを食べていたおかげで、頑丈型猿人はほかの初期人類との競争を避けることができたのかもしれない。頑丈型猿人は少なくとも二五〇万年前に現れ、一〇〇万年ちょっと前にはまだ生きていた。東アフリカではボイセイがホモ・エレクトゥスの時代まで、私たちの属するヒト属の初期の種と同じ時期に同じ場所に棲んでいた。

この二つの頑丈型の種には、その共通祖先種として東アフリカにアウストラロピテクス・アエティオピクスがいたかもしれない。アウストラロピテクス・アエティオピクスは一九八六年にケニアのトゥルカナ湖の西岸で発見され、最初の標本の表面が鉱物状になって黒光りしていたのでブラック・スカルというあだ名がついた。頑丈型種の祖先とアファレンシスの子孫はこんな感じのはずだという姿にふしぎなほどよく似ている。この生物は頑丈型（ロブストゥス）の系統とそのほかのヒトの種の間にかかっている橋かもしれない。初期のヒト科を思わせる特徴とともに、前後にのびる頭頂の出っ張り、張り出した頬骨、大きな臼歯の証拠を具えていた。それより時代の遅い二つの種であるボイセイとロブストゥスは、アエティオピクスの直接の子孫だと私たちは思っているが、ケース・ウェスタン・レザーヴ大学のメラニー・マッカラムが明らかにしているところによれば、これは違うかもしれない。マッカラムは頑丈型猿人の顔の詳細な分析によって、南の種と東の種の祖先が別々である可能性も、同じである可能性におとらず大きいことを明らかにした。これには説得力がある。これもまた私たちの目を単純な直線的進化のモデルから、もっと現実的な姿、人類史の複数の糸で編まれた一つの結び目という姿に向けさせてくれるからだ。

頑丈型猿人のトリオは一〇〇万年以上にわたって栄えた。ホモ・サピエンスが存在してきた時間の何倍もの時間だ。頑丈型猿人たちはいっとき繁栄したが、進化の歴史のなかで姿を消していった。これらの種は、私たちの系統樹に二つあったと考えられている大きな分かれ道の一つだった。もう一つの分かれ道が、私たちの属、ホモ（ヒト）に属する最初の種につながった。一九六〇年代にルイス・リーキーの息子ジョナサンが原人の遺物を掘り出した。あまりにも原始的で、アウストラロピテクス属の直接の子孫と思われた。その化石の推定脳容積がアウストラロピテクス属より三分の一ほど大きかったことから、ルイス・リーキーはこの新たな種をホモ・ハビリスと名づけたばかりでなく、ヒト属を定義しなおしてこの種が含まれるようにした。

ルイス・リーキーは、初期のホモ属がアウストラロピテクス・ボイセイと共存していたことを知っていた。オルドヴァイ峡谷《ゴージ》でだいたい同じ年代の層に両方を見つけていたからだ。アウストラロピテクスと、私たちの属に含まれる初期の種の区別は主観的で、ある程度まで言葉の定義の問題だ。類人猿らしい特徴と私たちにつながる特徴が、どちらにも備わっていた。リーキーは二つの間に劇的な違いを発見した。ボイセイの強さは臼歯にあったが、リーキーのホモ・ハビリスには知力があった。たいした知力はなかったかもしれないが、それ以前の人類よりも三分の一ほど脳が大きいホモ・ハビリスは、名誉類人猿の域を超えて、もっとヒトらしい生き方の方に進んだ。この新しい生活様式には技術がかかわっていた。石器の製作だ。今ではアウストラロピテクス・ガルヒも道具をつくったらしいことがわかっているのではあるが、私たちの属の最も古い種は、このような人工物に頼って環境を変えたらしい最初の種である。肉を消費するために動物の死体を解体したのだ。ホモ・ハビリスとその近縁の数種はまだ類人猿によく似ていたが、人類に向かって小さな一歩を踏み出していたのであり、ことによるとこれは、当時のほかのヒト科と競争するうえで決定的な強みになったのかもしれない。

進化を見る現代の私たちの視点は、その結果がどうなったか知っていることでゆがめられている。そういう視点からでなしに、頑丈型のヒト科の種に属する歴史家の視点からかんがえてみよう。この歴史家は二〇〇万年ほど前に当時のヒトの発展段階を見て、現生人類につながると私たち自身にはわかっているかぼそい系統について、これは何の痕跡も残さず滅びるだろうと予測するかもしれない。この歴史家は類人猿に膨大な数の種があること、そしてその多くが絶滅に向かっていることを目にする。彼女はヒト系統の単純な枝分かれを目にしたりしないだろう。反対に、さまざまな実験がおこなわれては、終わってしまったことを知る。頑丈型猿人たちがヒト科の進化の頂点にあることを知る。彼らは体の特殊な仕組みによって、類人猿やほかの人類が踏み込んだことのない生態学的ニッチに侵入することができたのだ。東アフリカでも南アフリカでも繁栄していたし、ほかの地域でも繁栄していたかもしれない。自分よりは脳の大きいほかのヒト科の種と共存した。しかし地球上の生命の歴史で最も繁栄している系統〔昆虫〕は豆粒ほどの脳しかないので、大きな脳のサイズは生物系統が長期にわたって繁栄するのに障害になるとさえ思ったかもしれない。

頑丈型のアウストラロピテクスの視点からは、過去も未来もバラ色で明るいように見えた。それなのに数千世代のうちに地上から姿を消してしまった。そこで、今日も生き続けている子孫を生みだすことになったかもしれない系統に目を向けるのがいいだろう。

5

みんなルーシーが好き

一九九四年春にデンヴァーで米国自然人類学会の年次総会があった。四日間にわたって暗い部屋のなかで、ベテラン学者もおずおずとした学生も含むヒトの進化研究者によって学術的なスライド発表がおこなわれた。本題からはずれた話題がいつもどおり数多くあった。廊下では最新の発見、終身在職権に関する決定、教員の採用をめぐって学者仲間が噂話に花を咲かせた。多くの参加者と同じで、私はそのとき発表された論文のうち一つだけを覚えている。それはエチオピアで発見されたアウストラロピテクス・アファレンシスの新しい標本に関する報告だった。ルーシーの発見者であり、当時カリフォルニア州バークレーにある人類起原研究所の所長だったドナルド・ジョハンソンが、大会場で自分のチームの発見を話すことになっていた。講堂は聴衆であふれかえっていた。私は通路に座り込み、何百人もの人の頭越しに発表を見ようとした。午後の発表は遅れていたので、ジョハンソンの発表の予定時刻になっても、その手前の発表者である学生が講演していた。メイン・イベントを見ようと人がつめかけて、緊張しているその学生の前に、思いもよらない通路にあふれるほどの聴衆が集まった。

ジョハンソンが演壇に立ち、待望のルーシーと同じアウストラロピテクス・アファレンシスという種に属する初期の猿人のほぼ完全な頭蓋を発見した話を語った。これは重要な発見だ。ルーシーなど一九七〇年代にハダールで発見されたヒト科の生物には、完全な頭蓋が欠けていたからだ（ある頭蓋の再構成には、頭蓋のいくつかの特徴についての推定が含まれていた。最終的結果は古人類学界の一部で批判に遭っていた）。またジョハンソンは会議の論文でアファレンシスのほかの側面も論じたし、ヒトの起原をめぐって大きな論争の的になっている点を扱った。アファレンシスの下半身の解剖学的構造について述べるなかで、ルーシーがどのように歩いたかをめぐる熾烈な論争に触れた。

ニューヨーク州立大学ストーニーブルック校のランダル・サスマンが率いる調査チームは年来、ルーシーとその親類たちは現生人類式の直立姿勢で歩行をしなかったと主張していた。むしろルーシーの一族は木に登る能力と習性を保ちながら、地上をぎこちなく歩いたとサスマン・チームは主張した。いちばん最近の研究では、ルーシーの歩き方を再構成していた。ルーシーはのちのヒト科の種よりも、脚の長さに対する足の長さの比がほぼ三分の一大きいとサスマン・チームは述べた。このことが歩行に及ぼした影響を理解するために、ストーニーブルックの研究者たちが、人々に足にぴったり合わせた大きすぎる履物を履いて歩かせたところ、その歩き方が非効率で、現生人類の普通の歩き方とたいへん違うことがわかった。

そして今、ジョハンソンはノックアウト・パンチを繰り出した。ストーニーブルックの新しい研究を「有名なクラウンシューズ（ピエロの靴）仮説」と呼んだ。聴衆は息をのみ、それからどっと笑った。ストーニーブルックの理論とジョハンソンの嫌味な言い方を笑ったのだ。

ルーシーは昔のハリウッドの有名人のように、それが何ものなのか、なぜ重要なのかをはっきり知っているわけではない人にとっても偶像となったためずらしい生物だ。生きていたときルーシーは、背丈およそ一〇〇センチの類人猿に似た生物であり、ルーシーほど有名ではないが同じくアウストラロピテクス・アファレンシス種に属していた猿人たちと同じように生き、死んでいった。一九七四年にA・L・288−1として目録に載せられたルーシーの発見物語は何度も語られている。そこで普通焦点が当てられるのは、エチオピアのアファール地方にあるハダールの荒野でジョハンソンが見事に化石発見に成功したこととか、ルーシーというあだ名が、その夜発見を祝ってキャンプで流されたビートルズの歌にちなんでつけられたこと、あるいはこれにつづいてジョハンソンが、「ファースト・ファミリー」、つまり洪水などの大災害でいっしょに滅びたかもしれないアウストラロピテクス・アファレンシスの集団を発見したことだ。

ルーシーと親類の遺物の意味をめぐる論争の基礎になっているものに、一般の人々が向けた関心ははるかに低かった。ルーシーの本当の物語は、おもに『人類進化雑誌』、『アメリカ形質人類学会雑誌』など、とりつきにくい出版物に載っている何百本ものデータ満載の科学論文に記録されている。本棚に手を伸ばしてこうした学術誌をひとつかみ取り出せば、そこに載っている論文は、怒鳴りあいの大喧嘩の学界版といった様相を呈している。ベテラン学者、その忠実な弟子たち、名を上げようと勇み立つ新米博士たちが、論争を挑む論文や会議用の論文要録を何百も生みだしている。

その後に発見された初期人類のほうが私たちと近縁かもしれないが、A・L・288−1は、おこなわれた調査の量と骨格の完全さから、これまでに見つかった最も重要な初期ヒト科の化石となっている。みんなルーシーが好き。エヴリボディ・ラヴズ・ルーシーだ。これまでにこの世で生きたどの女性をめぐっても、その死後これほど長い間これほど多くの男性――および女性――が争ったことはない。ルーシーは人類学者が私たちの起原を探す上でのロゼッタ・ストーンであり、私たちがあらゆる化石人類の現代性の程度を測るのに用いる年代学的な基準だ。それにもかかわらず、数十年が過ぎてルーシーの骨格についてさまざまな科学研究がおこなわれても、ルーシーがヒトの起原で正確にどんな位置を占めるのかをめぐっては確固たる統一的見解は存在していない。ルーシーの発見以来この化石をめぐって争ってきた科学チームは、ルーシーについて際立って異なる見方をしている。

ルーシーは、ジョハンソンとカリフォルニア大学バークレー校の人類学者ティム・ホワイトによって一九七〇年代半ばにはじめて科学界に紹介された。彼女は人類史の初期に一〇〇万年以上にわたって生きていたアウストラロピテクス・アファレンシスという種を代表する一標本にすぎない。「彼女」というのが正しいようだ。ルイジアナ州立大学のロバート・テーグとケント州立大学のC・オーウェン・ラヴジョイは最近、ルーシーは女性（雌）だという考えを擁護した。チューリッヒ大学の研究者マルティン・ホイスラーとペーター・シュミットが、ルーシーは実は雄であり、これより大きな別の種と共存した小さなヒトの種だったと主張していたからだ。その議論はルーシーの骨盤と、ほかのアウストラロピテクス属の猿人や現生人類の骨盤の比較に基づいていたのだが、テーグとラヴジョイは、ルーシーには産道があり、れっきとした女性であることを納得のゆく形で示した。

ジョハンソンとホワイトは一九七八年に名高い化石について正式な記述を出版し、さらにルーシーが私たちの系統樹に占める位置についての分析を、次の年に発表した。オーウェン・ラヴジョイも、クリーヴランド自然史博物館のブルース・ラティマーおよび人類起原研究所のウィリアム・キンベルとともに、骨格を詳細に分析した。この研究者たちが一致して下した結論は、ルーシーは常時習慣として二足歩行をしていたというものだった。

ラヴジョイは別の分析でさらに踏み込んだ。ルーシーは二足歩行のみに適応し、ほかのどんな移動様式への適応も欠けていたと結論づけた。木登りをしたとすれば、私たちと同じ登り方をしたというのだ。アファレンシスは現生人類におとらず二足歩行に適応していたとさえ、ラヴジョイは主張した。その根拠の一部は、アファレンシスの臀筋の新たな配置にあった。大臀筋は膨れ上がり、尻より上に移っていた。ルーシーはこれによって、垂直面を登る能力が制約されたとラヴジョイは結論づけた。さらにルーシーは、大臀筋などの歩くための筋肉の長さと張力の関係が、二足歩行用に変化していたので、こうした筋肉をそれ以外の目的に使おうとしたら疲れきってしまっただろう。類人猿のような木登りを少ししただけで、くたくたになっただろう。ルーシーには、類人猿のようなものを摑むことのできる足はなかった。

それから一九八〇年代はじめ、サスマンとストーニーブルックでの同僚ジャック・スターンとウィリアム・ユンガースが争いに参加した。ジョハンソンが鋳型をとってつくった複製を使って化石について測定をおこなったのだ。証拠は、上腕と下腕の骨の長さおよび比率の類似性や、木登りをするための筋肉が骨に付着する出っ張りの配列や形からなっていた。

スターンと同僚たちは、A・L・288－1についての当初の推定に同意した。彼女は二足動物で、解剖構造の上で地上生活に、一部では主要な適応を示していた。ストーニーブルック・チームは二つの根本的な問題に取り組んだ。第一に、アウストラロピテクス・アファレンシスは二足歩行がどこまで完成していたか。ラヴジョイが考えたように、このグループのヒト科の生物は完全に直立して歩いたのか。それとも、何か中間的な形の二足歩行をおこなったのか。またルーシーはもっぱら地上で暮らしたのか。それとも生活の一部を木の上に登って過ごしたのか。ルーシーと仲間たちが完全な二足動物ではなかったとすれば、その生活様式は完全に地上には限られていなかったことになる。私たちの古い祖先の正体は中途半端な釣り合い状態だったのか。ルーシーの骨格は金鉱であり、掘り出される金塊は保存状態が驚くほどよい骨盤と下肢の仔細な検討によって明らかにできるデータポイントだ。ルーシーやほかのハダールのアファレンシスたちと、アウストラロピテクス・アフリカヌス、ボイセイ、ロブストゥス、ヒト属の最初期の化石との解剖学的構造の比較が、主要学術誌のページを埋めはじめた。

スターンとサスマンは同僚のウィリアム・ユンガースとともに、こうした問いの答えを探し求めた。一九八三年に『アメリカ形質人類学雑誌』に長い論文を発表して攻撃の火蓋を切った。アウストラロピテクス・アファレンシスが現生人類的な意味で完全な二足動物でない証拠を示し、解剖学的構造から、この生物がまだ樹上生活によく適応していたことを明らかにした。ルーシーは見つけられる限りミッシング・リンクにもっとも近いもので、私たちの系統でこれより古いものを探せばそれはまさしく類人猿そのものになると、論文の執筆者たちは大胆に述べた。

スターンとサスマンは、アファレンシスが木の上で暮らしたと主張したわけではなかった。木の上でも地上でも楽に暮らせる解剖学的構造を備えているほど原始的だったというのだ。手の指の骨と手首の骨の一部がチンパンジーによく似ており、手と手首の連結が類人猿に似ていると指摘した。手首にある豆粒ほどの骨である豆状骨は、類人猿のように長くのびていた。そのおかげでルーシーは二足動物よりもよく手首を曲げることができたので、木登りを習慣にしていたと考えられるとスターンとサスマンは示唆した。また中手骨——手の甲に拡がる長い骨——が、木登りをする動物のそれだったと主張した。二人が描き出したのは、ぶらさがるのに使う手だった。

そして腰だ。スターンとサスマンは、ルーシーに長い一組のハムストリング（ひかがみ）筋があることに注目した。分かれている一組の筋肉で、人では骨盤の下部に付いていて、私たちが足を踏み出して歩くのを助けている。膝腱がどんな角度で付いているかは、歩行の効率の尺度と考えられている。ルーシーの膝腱の角度は現生人類より大きかったが、たいした違いではなかった。外に突き出た骨盤の腸骨の突起と脊椎のいちばん下の部分の骨が平らであることに、彼らは注目した（ジョハンソンと同僚たちは、この部分の骨が平らなのは死後に受けた損傷のせいであり、生きていたときの特徴ではないとしていた）。

スターンとサスマンは、大腿骨の膝側の端が類人猿にいくらか似ていることに注目した。そして、膝そのものはヒトとまるで違うことに気づいた。アファレンシスの膝は盛んに木登りをするためのものだったと主張した。最後に、アファレンシスの足は類人猿に似ていた。指の骨が比較的長く、曲がっていた。これは岩におおわれた土地を直立歩行するのに便利だとジョハンソンは解釈していた。スターンとサスマンはこの考えを斥けた。

こうした解釈を示したのはスターンとサスマンがはじめてではなかった。すでにフランスの解剖学者ブリジット・セーニュとクリスチーヌ・タルデューが別の研究に基づいて、ルーシーは木登りがうまかったという結論を出していた。かつてスターンとサスマンを指導したシカゴ大学の人類学者ラッセル・タトルも、ルーシーの骨格を見て、アファレンシスが半樹上生活をおくっていた証拠を見いだしていた。同じころユンガースが権威あるイギリスの雑誌『ネーチャー』に論文を発表した。ルーシーは現生人類と比較して腿《もも》の骨が短いから、解剖学的構造が原始的だったとユンガースは論じた。ルーシーはチンパンジーほど敏捷には木登りができなかったが、現生人類的な意味で直立歩行したわけではないという。一方クリーヴランド自然史博物館のブルース・ラティマーとオーウェン・ラヴジョイは、ストーニーブ

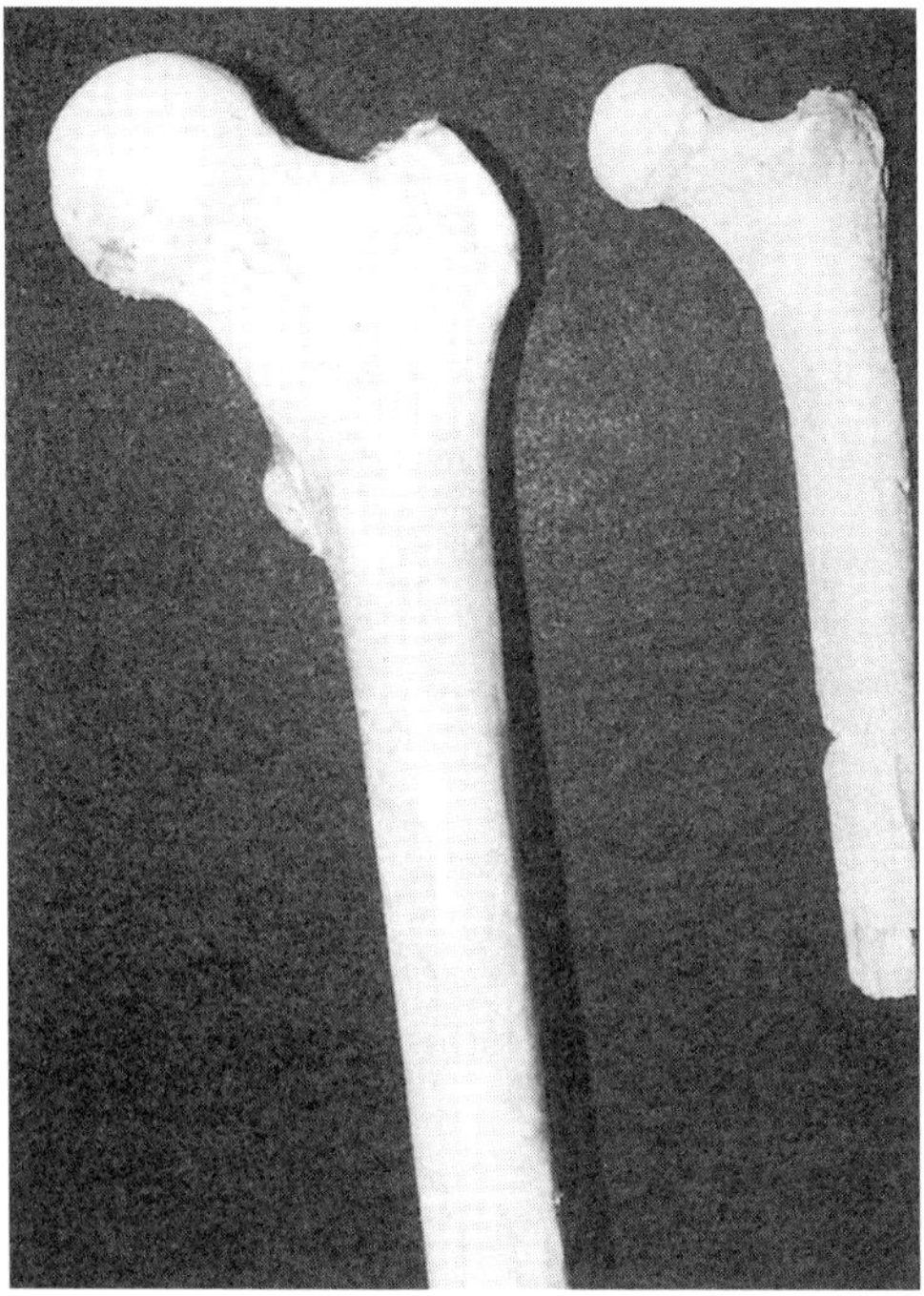

ルーシーの大腿骨（右）は現代人の大腿骨の縮小版で、これはアウストラロピテクス・アファリカヌスが私たちと同じように歩いたという手がかりの一つ。

ルック・チームは化石化によって生じたゆがみの程度を軽視していると主張した。この二人の分析は、ルーシーは二足歩行がうまかったという結論を支持するものだった。

この点ではジョハンソンおよびラヴジョイと同僚たちに分があった。ジョハンソンとホワイトは、この標本についての最初の科学的な見解を広めていた。ジョハンソンが一般向けの本である『ルーシー』を出版し、この化石の発見について詳しく述べ、その生態について自分の解釈を提示した。ホワイトはほかの対象に興味を移しており、一九八〇年代はじめには、ルーシーをめぐる議論はおもにジョハンソン、ラヴジョイ、ラティマーによって担われていた。歩行に関する生体力学の最高権威の一人であるラヴジョイは国際的に名声を得ていた。しばしば捜査員から遺体発見現場に呼び出され、足跡を残した容疑者の身長と体重を割り出す手助けをさせられた。

ジョハンソン、ラヴジョイ、ラティマーは一九八〇年代に反撃に出た。ほかの原始人類と異なるルーシーの解剖学的特徴をストーニーブルック・チームは見落としているとラヴジョイは批判した。その特徴とは脊椎下部の骨の数が多いこと（類人猿では三個か四個だったのが六個になっている）、また骨盤の腸骨がどんな類人猿ともまったく違っていることだった。ラヴジョイの分析によって、ルーシーの膝関節を取り巻いて支持している部分の縁取りや出っ張りの釣り合いは、現生人類に近いことがわかった。

ブルース・ラティマーはラヴジョイの主張よりさらに踏み込んだ。ユンガース、スターン、サスマンは、自然選択によって生物の解剖学的構造がどのように形づくられるかを理解しておらず、そのことからルーシーの腕と脚の比率がもつ意味を誤解したとラティマーは論じた。ラティマーによれば、ルーシーはすでにヒトの上半身を獲得していたのであり、アファレンシスは木登りの習慣を捨てていたので、自然選択によって直接の祖先たちは腕が短くなってきていたにちがいない。アファレンシスの下肢の変化は、自然選択によって二足歩行が推し進められたということで説明がつくが、上半身の変化は直立歩行にわずかな変化しか及ぼさなかったから、アファレンシスが木登りをやめたのでないかぎり、これほどは変化しなかっただろう。ラティマーは、ルーシーは時折木登りをしたかもしれないと認めるが、解剖学的に木登りに適応していなかったので、これは重要ではないと考えた。

ストーニーブルック・チームは、予想されるとおりの反応を示した。ラヴジョイは歩行にかかわる解剖学的構造を誤解しているというのだ。そして、さらにこう主張した。ジョハンソン、ホワイト、ラティマーらは、自分たちの結論に合うデータポイントを選び、合わないものは捨てることによって、ルーシーは完全な二足歩行をしたという主張が正しいように見せたと。ラヴジョイがルーシーの歩きぶりをどのように再構成したかを思い起こしてみよう。小臀筋と中臀筋の役割に、腰の伸展筋(推進)から脚の外転筋(立っている間、体を支え安定させるもの)へという重要な転換が起こったことをラヴジョイは明らかにした。サスマンとスターンは、ルーシーの歩きぶりについてラヴジョイがくだした解釈は、歩くのに使う骨と筋肉についての誤った分析に基づいていると述べた。

またストーニーブルックの研究者たちは、別の研究方向もとった。歩行のような活動のときに筋肉の興奮パターンを測定する筋電図検査装置に、チンパンジーをつなげてみたのだ。すると、ルーシーが歩くのに使う筋肉についてラヴジョイが述べた議論の基礎になっていた臀筋は、ラヴジョイが考えたようには機能しないようだった。このチームで筋電図検査の専門家だったスターンは、小臀筋と中臀筋はチンパンジーの腰の伸展で役に立っていないという結果を得た。このことで、二つの陣営の論争はますます燃え上がった。

この種の学問上の激しい論争はしばしば新しい化石の発見でけりがつく。だがルーシー論争では古い証拠が役割を演じた。人類史上最も有名な足跡は一九六九年にニール・アームストロングが［月面上に］残したものでなく、四〇〇万年近く前に東アフリカの土についていた。メアリー・リーキーが率いる発掘チームが一九七六年にタンザニア北部で発見したこの三六〇万年前の人類の足跡は、ラエトリという場所で保存されていた。噴火した火山灰が一帯をおおっていた。そこに雨が降って灰が湿り、雨粒の跡が残った。そして太古のキリン、ゾウ、ホロホロチョウが足跡を残した。ヒト科の種も灰の上を歩きまわり、消えない跡を残し、それがその後新たに降った灰におおわれ、長い年月の間に化石となった。

この化石について、はっきりしている事実がいくつかある。足跡化石はヒト科のものだ。二足歩行をしていた。足に私たちのような土踏まずがあった。二頭か、ことによると三頭がいっしょに歩いた。最新の再構成によると、この生物たちの背丈は一メートル強か一メートル半たらずだった。一頭は、先頭をいく個体の足跡を意識的に踏んで歩いていたようだ。いたことがはっきりわかる二頭のほかにもう一頭いたとしたら、その歩みはほかの二頭と平行で、速度を保つために歩幅を変えていた。この集団が子供を含む家族だったのか、それとも雄二頭と雌一頭だったのか、あるいはほかの何らかの組み合わせだったのかは永久の謎のままだろう。しかし足跡そのものに人類学的に測り知れない価値がある。

人類学者は、年代と場所から、ラエトリの足跡はアウストラロピテクス・アファレンシスが残したものと考える。足跡と足取りの専門家であるラヴジョイは、これを、私たちの祖先が今日の私たちとだいたい同じように歩いたという主張を支える確かな証拠と見る。シカゴ大学のラッセル・タトルは足跡を詳細に調べており、これはハダールの骨とあまりに違っていて、アウストラロピテクスに属する別の種か、あるいはヒト属に入る未知の種が残したものにちがいないと考える。ラエトリの足跡を残した生物の歩き方は現代的で、小さなホモ・サピエンスが浜辺の濡れた砂に残しそうな感じのものだ。

ストーニーブルックのグループはラエトリの足跡を、アウストラロピテクス・アファレンシスが「過渡期の二足動物」だったいい証拠と考えた。スターンとサスマンは、足に土踏まずがあるからといって、必ずしもヒト科の二足動物だということにならないと論じた。砂の上を歩けば、類人猿も人間も土踏まずがあるように見える足跡を残す。彼らは足全体の形が完全な二足歩行動物のものではないと結論づけた。スターンとサスマンも、ラエトリの足跡を残した動物の足は親指がほかの四本の指と同じ方向を向いていて、チンパンジーの親指のように大きく違う方向を向いていなかったことは認めた。だがまた、足の指の跡のなかにはチンパンジーが濡れた砂に残す跡のように見えるものがあると考えた（サスマンが悪名高い「ピエロの靴」研究をおこなった目的の一端は、こうした主張を検証することにあった）。

メアリー・リーキーとともにラエトリで調査に携わり、現場で見つかったヒト科の歯の分析を発表したティム・ホワイトは、足跡について違う見解をもっている。ホワイトと、かつてそのもとで大学院生として学んだ諏訪元は、この足跡はアウストラロピテクス・アファレンシスが残したものだと論じた。一九八七年の論文でユンガースとスターンとサスマンの議論を分析して、灰や砂に残されたおぼろげな跡にさまざまな特徴を認めたり認めなかったりすることが、いかに主観的になりうるかを指摘した。南カリフォルニア大学にある私のコレクションのなかに、ラエトリの足跡の一部分の鋳型がある。確かに大雑把な複製にすぎず、実物の細部が欠けている。だが浜辺を歩いていて、濡れた砂の上にこれを見つけたら、最後にここが波に洗われてからあとに子供が二人歩いたのだと思って、見回して姿を探すだろう。足跡は明らかにヒトのものだ。類人猿の足跡とはまるで似ていない。

足跡のおかげでラエトリが聖地になるより以前に、ここで発見された骨とハダールの骨が似ているとホワイトとジョハンソンは長らく論じていた。一方ラエトリには、タトルが考えるようなもっと進んだ何らかの種類の人類がこの足跡を残した証拠は何もない。したがって可能性は三つある。足跡は、ラエトリに遺物を残していない現生人類に近い人類が残したものか(タトルの考え)。私たちとは歩き方が大きく異なるアファレンシスが残したものか(スターン、サスマン、ユンガース)。私たちとまったく同じように歩いたわけではないかもしれないが比較的現代的な二足動物と見られるアファレンシスの足跡であるのか(ホワイト、ジョハンソン、諏訪)。この論争はどう解決したらよいだろうか。

最初期のヒト科が、類人猿の木登りへの適応を保持しながら完全な直立歩行あるいは二足歩行をした可能性はどのくらい高いのか。この問いへの答えは、誰に聞くかによる。ジョハンソン、ホワイト、キンベル、ラヴジョイ、ラティマー、イスラエルの解剖学者ヨエル・ラクそのほか数人からなる陣営と、ストーニーブルック陣営――スターン、サスマン、ユンガース、フリーグルおよび同僚たち――が相対している。政治の世界と同じで、どちら側とつながるか――ストーニーブルックとバークレーのどちらで教育を受けるか――は、重大な意味をもつ。ドミノ効果もある。ストーニーブルックで教育を受けた学生はストーニーブルック的世界観を身につけて学位を取得し、別の大学に落ち着いて、自分で学生を教育する。その影響は今では、シャーウッド・ウォシュバーンの時代のバークレーのようには広く及んでいない。ウォシュバーンの教え子は、ある世代の米国では影響力のある進化学者のかなりの部分を占めていた。今日では研究拠点が多すぎて、この種の知的独占状態は生じにくい。それでも科学また政治で力がある少数の学者の影響力は大きく、何世代にもわたって研究、補助金、出版に及び、ヒトの起原に関して私たちが何をどのように学ぶかについて方向を定める。

ともに勤勉で知的な人々からなる二つの科学者グループが同じ一組のデータを見て、どうしてこれほど違う見方ができるのかと思われるかもしれない。これは科学の営みの本質なのだ。古人類学者のキャサリン・コフィングが論じているように、相対立する研究チームが意見の一致を見ることができない理由は、せんじ詰めれば三つの可能性のどれかである。

一方のチームはデータを適切に分析したが、もう一方はへまをした。
異なる研究チームが同じデータを異なる仕方で解釈している。
異なる研究者が、自然選択による進化のはたらき方についての根本的に異なる概念を用いている。

第一の可能性、一方のチームが単に間違っているという場合が、ほかの世界におとらず科学にもよくあるのは疑いない。スターンと同僚たちがラヴジョイについて主張しているのは、そういうことだ。二〇〇〇年の『進化人類学』誌に発表した率直な批判で、スターンは自分自身の分析のなかで、研究への取り組み方、統計的な検定、基本的な前提で誤りを犯したかもしれない領域を吟味している。自分のチームが誤りを犯したかもしれない点をいくつか、競争相手が誤りを犯したかもしれない点をいくつか見つけている。多くの研究者が同じデータに取り組んで、同じ問いに答えようとしていると、競争相手から誤りを指摘されることも多い。競争相手からの批判に対応するには、選択肢がある。誤りを犯した可能性を認めて分析をやりなおすか、言い逃れをするかだ。学界の歴史は、専門職業人としての務めよりもプライドを優先させて代償を支払った研究者に満ちている。誤りを認めるのを拒み、ほかの人から指摘されれば、結局自分の誤りで痛い目に会う。間違った結果や誤った分析がしょっちゅう覆されては、研究者たちが大恥をかいている。

第二の可能性、異なる研究チームが同じデータに対し異なる見方をする場合も結構ある。たとえばスターンは、ルーシーの運動にかかわる解剖学的構造の細かい点をめぐって、自分のチームはほかの研究者たちと激しく対立したと指摘している。また、両者の分析で基本的に同じ結果が出ているのに、両者が用いた言い回しのせいで、その事実が隠れてしまった事例もある。たとえばスターンとサスマンによるルーシーのかかとの骨についての分析は、基本的にフランスの二足歩行研究者であるイーヴ・ドロワゾンが得た結果と一致していたが、両者の論文を読んでもそのことはわからなかっただろう。ラティマーとラヴジョイは、サスマンとスターンが際立った湾曲を認めたのと同じ足の指の骨を見て、ほとんど何の湾曲も認めなかった。最大のライヴァルあるいは同僚が正しい（あるいは、さらに悪いことに自分を出し抜いたかもしれない）という可能性に目をふさぐのは、科学の世界によくある自己欺瞞の戦略だ。

コフィングが挙げている第三の可能性は、進化がどのように起こるかについて根本的に異なる理解や解釈をしているせいで、科学者が初期のヒト科の化石について異なる結論に達する場合だ。コフィングはこの場合が最も重要だと見る。科学者は、さまざまな学派の進化思想のいずれかで教育を受ける。それに、私たちはみな予断をもって研究にあたる。これは、進化がどのように起こるかについてさまざまな考えが生まれる源になるが、私たちが同じパラダイムを共有する妨げにもなるかもしれない。自然選択のパラダイム、つまり作業概念モデルは、絶えず何らかの新たな研究や新理論によって微調整される。ルーシーの場合、ストーニーブルックの科学者たちとバークレー＝クリーヴランドのグループは根本的に異なる前提に立っていて、頭に深く染み込んだこうした見方が、同じ情報を解釈する仕方に影響を与えているのかもしれない。

二つのグループの書くものに、こうした「深層の仮定」の手がかりが見つかるだろうか。ラティマーの出版しているものは自然選択の仕組み、また自然選択が化石にどう現れるかを徹底的に検討している。指向性選択——生物を何らかの方向に強力に推し進める自然選択——の役割をラティマーは強調する（指向性選択の反対である安定化選択は、変化する理由がないかぎり動物を基本的に親と同じ姿に保つ進化上の力だ）。ルーシーは、先行する生物と行動が異なっていたので、それが解剖学的構造の変化を推進した。ラティマーの考えには、ヒトの化石はけっして進化の平衡状態を示していないという考えが潜んでいる。

肝心な問題は、最適性というのをどう見るかだ。自然選択は、何かを周囲の他個体より少しうまくやる個体を、生殖のうえでそれだけ成功させやすくすることで種を形づくってゆく。時折直立することによって、ほかのものより少ないエネルギーでうまく（つまり速く、遠くまで、安全に）歩く類人猿は、望ましい配偶者や栄養のある食料を見つけるのに投入すべきエネルギーがすこし少なくてすむ。子孫を残せば、姿勢の変化を指定している——そしてそれに先行していた行動の変化を利用する——遺伝子複合体が拡がってゆくだろう。何世代もの間に、この種は遺伝子、解剖学的構造、行動の面で変化する。何百万年かのちに私たちが化石にこの変化を見て取って、異なる形態に異なる名前を与えるかもしれない。この変化の各段階で、この類人猿＝人類はまわりのものよりものごとがうまくできただろう。さもなければ、その特徴は持続しなかったはずだ。言い換えれば、自然選択は最適な生物を形づくってゆくもので、生物がもつあらゆる特徴はあらゆる時点で最適と考えるわけだ。

だが、どうしてそんなことができるのか。何かがある状態から別の状態に変わる途中では、どの中間状態も完璧ということはないのではないか。ガソリン車を燃料電池で走る車に改造しようとすれば、実験的モデルはどっちつかずのものになる。自然選択はこのように作用するとは思われない。各段階で設計が間違っていれば、その進化の系統はそこで行き止まりになる。突然変異と自然選択による進化がこれほどゆっくりしていて非効率である理由の一端はそこにある。

しかし、ラティマーはヒトの進化の過程で常に最適性が保たれているとは想定しない。ルーシーの骨格を見て、木登りにあまり適していない一部の特徴――たとえばその前肢（腕）――を認める。そこで、ルーシーは木登りをしなかっただろうと考える。しかし木登りによく適応していなかったからといって、木登りをしなかったとどうしてわかるだろうか。行動の変化が解剖学的構造の変化に先行するので、アファレンシスが木登りをやめて地上を直立歩行しはじめたのは、解剖学的構造にそれが反映されるよりもはるか前だったにちがいない。しかしこの行動の変化は短期間に起こり、そのあとで解剖学的構造が変化しはじめて行動の変化に「追いついた」ので、化石からはあまりはっきり見て取れないのかもしれない。

論争をおこなう両陣営は真っ向からぶつかった。ルーシーは完全な二足動物だったとラヴジョイやラティマーらは言う。ルーシーは過渡期の二足動物であり、木登りもしたとスターンとサスマンは言う。論争は日本の映画『羅生門』の筋に似ている。目撃者数人の目の前で卑劣な犯罪が繰り広げられる。治安当局の捜査は行き詰まる。目撃者がそれぞれ限られた視点から事件を異なる形で再構成してみせたのだ。アファレンシスの場合、互いに相容れない知的観点からその骨を見た目撃者が、進化に関する事実を違うふうに見た。

しかしストーニーブルックのチームは、ルーシーが「過渡期の」二足動物だという暗黙の前提を採用したとき、大きな誤りを犯した。「過渡期」という用語は結果から過去を振り返ってはじめて意味をなすものであり、進化の道筋を理解するやり方ではない。むしろ誤解への近道だ。この間にジョハンソンらも、抜き差しならない立場に自分自身を追い込んだ。ルーシーは習慣的に二足歩行をしていたという立場だ。ひとたびこの見方に肩入れしてしまうと、時折木登りをしたと認めるだけでも論争に負けたことになり、ルーシー木登り説支持者に学問的に敗れたことになる。ジョハンソンとラヴジョイの陣営が一九七〇年代以来、ルーシーは地上で生活する二足動物だったと主張している大きな理由の一つがこれだ。

数あるうちの一つ

しかし、証拠から首尾一貫した推論を引き出す科学的に健全なやり方はあるのかもしれない。ルーシーの骨格の研究は、おもに一九七〇年代終わりから一九八〇年代にかけておこなわれた。それ以後ルーシーについての見方、またルーシーから二足歩行についてわかることが、大きく変化している。少数の研究者が、現生人類に似ているともチンパンジーに似ているとも言えない適応をルーシーとその親戚たちが備えていることを明らかにしている。

ルーシーと親類たちは独特で、今日これによく対応するものがいない。明らかに二足動物であるが木登りをした形跡も示すルーシーたちの動き回り方は、過渡的なものでなく、むしろまた別の第三の状態だった。ジョハンソンおよびホワイトと親しい解剖学者のヨエル・ラクはルーシーの骨盤を分析して、ルーシーの歩きぶりは中間段階でなく、新しい二足動物が備えていなければならない折衷的な解剖学的構造への解答だったという結論を下している。骨盤が広くなったことには、解剖学的構造上の利点もあれば欠点もあった。またわりあいに脚が短いのは、彼女の祖先が二足歩行をするようになって重心の位置が高く移動すると、自然選択はアファレンシスの骨盤を広くし、また大腿骨の頸部を伸ばして釣り合いが保たれるように補償したことを意味している。この補償の結果として、移動のエネルギーにあまり出費の負担をかけずに二足歩行することができた。

ルーシーについてのラクの考えを理解する鍵は、ルーシーの骨盤は中間段階でなく、新たな二足動物が備えていた折衷的な解剖学的構造への解答だという主張だ。一方、ルーシーの骨に木登りへの適応を見て取る者でも、ルーシーがどのように木登りをしたかについては意見の一致を見ていない。たとえばボストン大学の人類学者ローラ・マクラッチーは、アファレンシスは木登りをする現生霊長類のいずれとも大きく異なる登り方をしたかもしれないと主張する。

パトリシア・クレーマーとワシントン大学のジェラルド・エックは、ルーシーが独特だった別の証拠をさらに提示している。クレーマーは、ヒトの進化について教育を受けたばかりでなくボーイング社の技術者であり、工学のノウハウを輸送の問題に適用することに慣れている。たいていの研究者は考えが硬直していて、私たちの祖先の歩き方を比較するとき、どうしても現代の私たちの歩き方を生んだような環境を想定してしまう。そうするといつもルーシーはみすぼらしい親戚のように見えるので、私たちは慌ててルーシーを「過渡的」な存在とか「二足動物になる途上にある」など、ヒトの進化の研究で繰り返し出逢う愚かしい形容詞で呼んでしまう。クレーマーとエックは、ルーシーが現代的な二足動物ではないが、非効率で不完全な二足動物でもなかったことを明らかにした。アファレンシスは、まったく独特の理由で私たちとはたいへん異なる種類の二足歩行に適応した二足動物である可能性が最も大きい。両研究者によれば、ルーシーはゆっくりとした短距離歩行にきわめてよく適応していた。その解剖構造は、特定の移動様式に対してかかる生態学的圧力に完璧に適合していた。これはルーシーの食物の性質および分布と関係があっただろう。

人類のための生息環境

ルーシーなど初期人類の化石は、初期人類が生きた環境、そしてこうした生物の――ひいては私たちの――社会を理解する大切な手がかりを与える。私たちは自分たちが進化の終点だという偏狭な考えのせいで、ヒトの進化の重要な局面はサヴァンナで繰り広げられたという見方に強くこだわっている。開けた平地にヒトが出現したという観念には長い歴史がある。何らかの証拠となりうる化石なり、環境データなりの発見以前にまでさかのぼる。南アフリカのほとんど木のない草原でダートがタウング・チャイルドを発見したときは、確かにこの生物は、時折森で食料を探すほかはまったく森と縁を切っていたと考えるのはもっともだった。しかし二足歩行の出現の多くの側面に言えることだが、初期ヒト科の暮らしについても、私たちの初期の単純な見方は、もっと目配りがきいて現実的な見方によって取って代わられつつある。

私たちが草原に出現したという考えは、私たちは何ものなのかをめぐる考えの歴史のうえで大きな影響を及ぼしてきた。多くの研究で、人はどんな環境よりも、開けていて木が散在する公園のような環境で心理的に居心地よく感じるということがわかっている。たとえば子供たちについておこなわれたある研究によると、サヴァンナに行ったことのある子は一人もいなかったのに、子供たちはサヴァンナのような風景の写真を好んだ。このような好みがあるので、公園はこのようにつくられているのだと考えられた。進化論的に解釈すると、公園のような風景を好む傾向は、私たちの脳がその進化史の大半を過ごした風景に何らかの心理的基礎をもっているのかもしれない。木が散在する草原では、獲物に対してもそれに忍び寄る危険な敵に対しても見通しがよく、食物がたっぷりあり、害のあるものからの避難場所がある。一世代にわたる研究者たちは、絶滅した人類はサヴァンナで動物の死骸をあさるか狩りをするかして生きていたという前提に立っていた。いわゆるセレンゲティ・モデルだ。

こう考えて進化論的にはまったく筋が通る。しかしこの考えは完全に間違っている。初期人類を取り巻いていた環境のなかには、乾期のあるサヴァンナもあったが、それ以外のものもあった。人類の最も古い痕跡のなかには、かつては乾燥地帯と考えられていたが、今では森林や沼地だったと見られている生息環境で見つかったものもある。それぞれの種には好みの場所があるのは疑いない。アリゾナ大学の古人類学者で、初期人類の環境を再構成しているケー・リードは、出現しつつあった人類と共存していた太古の動物群を調べた。他の多くの研究は進化の連続性という前提に立っていた。ある太古の生息環境に今日草をはんでいるアンテロープの祖先の化石があったとすれば、絶滅した種も草食動物で、おそらくサヴァンナで暮らしていただろうというわけだ。リードはこの研究を新たな水準に引き上げ、進化の連続性を前提にせず、それぞれの化石グループの解剖学的構造上の適応を調べた。そして、アウストラロピテクス属の最も古い猿人の大半が暮らしていた生息環境は、一般に湖や川があり木が多い地域だったという結果を得た。のちに頑丈型猿人が好んだ生息環境には湿地も含まれていた。一方、ミネソタ大学の考古学者マーサ・タッペンは、東アフリカで死骸をあさる現生の肉食動物——ハイエナやライオン——を研究し、私たちの祖先が生きていた環境は、森林と草地がモザイクをなす地域だった可能性も、もっと乾燥している開けたサヴァンナだった可能性におとらず大きいという結果を出した。ラエトリの足跡の発見現場は、初期人類の環境のなかで最も乾燥していたところと考えられていたが、大英博物館のピーター・アンドルーズによれば、現在の考えではここさえ、本格的なサヴァンナではなかっただろうとされている。二五〇〇万年前にヒト属が現れてからはじめて、ヒトはむしろアフリカの開けた平原で多くの時を過ごすようになったのだ。

リードがおこなったような研究は、サヴァンナ仮説の破滅を意味した。

一つの生息環境だけを人類の揺籃の地と考えるのは愚かなことだ。最初期にさえ、ヒト科は生態学的に適応力のあるゼネラリストだったので繁栄した。私たちヒトという系統が生き延び、繁栄するのを可能にしたのは、私たちの柔軟性なのだ。

ルーシーの人生

シナリオＡ：ルーシーは、地上で生活する高度な二足動物だった。雄と雌何頭かずつからなる社会集団のなかで暮らし、好きなように乱交した。

シナリオＢ：ルーシーは半樹上性の動物で、敏捷に木登りした。同類の雌雄が一夫一婦制的なつがいをつくって暮らしていた。

ルーシーの暮らしについて、二つの見方のどちらが正しいという証拠もない。どちらも憶測であり、正しい可能性はどちらにもある。地上生活あるいは樹上生活することは、必ずしも特定の交尾システムと結びついているわけでもない。しかしルーシーがどのように暮らしていたか——その行動——は、ルーシーの解剖学的構造をめぐる論争にとって重要である。

そしてルーシーの解剖学的構造についての主張は、控えめに言っても議論の余地のあるものだ。しかし、ルーシーの行動がその解剖学的構造を形づくったのだ。行動の再構成は常に憶測の域を出ない。社会的な行動は、頸骨や尾骨のように化石化するわけではない。アウストラロピテクス属の猿人の社会が備えていた重要な特徴をいくつかは、かなり確実に推測できる。それは、これまた手持ちの最高の道具であるダーウィン理論のおかげだ。ダーウィンは、自然選択の仕組みを世間に示してから一〇年後に性選択（性淘汰）理論を組み立てた。雌と性交する機会をめぐる雄どうしの競争は、進化の二車線道路での一方の車線だ。他方の車線は、雌による好みの雄の選択である。雌は進化の推進力だ。どの雄の遺伝子が次世代に大量に受け継がれるかは、雌が決めるからである。雌が体の大きな雄とつがうことを選べば、雄は体が大きくなり、雌はそれより小さくなる。雄は交尾のチャンスをめぐって競争する。それも時には熾烈な競争となるので、性選択によって体の大きさや筋肉組織など、解剖学的構造と行動のあらゆる面で性差の変化が推し進められる。

アウストラロピテクス・アファレンシスの雄は雌よりかなり体が大きく、体重が重い。その違いは現生人類の男女間の違いより大きかった。雄のアファレンシスは雌より頭骨と犬歯がはるかに大きくしっかりしていて、おかげで男っぽくたくましい顔つきをしていた。しかしルーシーは、これまでに発見されている最も小柄なアファレンシスの標本だった。ルーシーを最も大きなアファレンシスの標本とくらべて、初期ヒト科は雄と雌の体の大きさが極端に異なっていたと誤って主張する研究者もいた。性差は劇的で、当初はハダールの化石のなかにアウストラロピテクス属の種が二種類存在しているのかどうかをめぐって研究者が論争したほどだ。ホワイトとジョハンソンは懸命に自説を主張し、論争に勝った。ハダールの標本と大きさの範囲が統計的に最もよく合うのが、現生類人猿の種であることを示したのだ。ルーシーと親類たちの間に際立った性差があるということは（現生動物がたどったのと同じ進化のパターンを絶滅した動物もたどったと仮定すると）、アウストラロピテクス・アファレンシスは、雄が少なくとも一頭かことによると数頭、雌と子供がもっと数多くいる集団のなかで暮らしていたことを意味する。チンパンジーもボノボも、絶滅したヒト科の姿を知る手がかりとして完璧なものではないが、アファレンシスの生活様式がどんなふうだったか、その可能性の範囲についていくつか教訓を与えてくれる。チンパンジーもボノボも、戦略的な乱交が盛んにおこなわれるきわめて流動的な社会で暮らしている。雄は群の縄張りを守ろうとする習性があり、チンパンジーは殺し合いをするほどだ。食料採集には集団行動が必要で、雌の生殖周期がそのパターンを決定する。チンパンジーの雌は単独か小さな集団で食料を探すのを好む。ボノボの雌はもっと社交的だが、それでも雄より小さな集団で多くの時間を過ごす。どちらの種も雌は思春期あるいはそれ以降はほかの群に移り、生まれ育ったところとは違う場所で繁殖のために落ち着く。どちらの類人猿も、雄は縄張りを見張ることから、雌を支配しようとすることまで、さまざまな営みで協力しあう。チンパンジーの雄は、連携してほかの哺乳動物の狩りをする。ボノボは雌も、雄による支配を避ける目的で連合を形づくる。

ルーシーをめぐって同種の雄たちがさや当てしたかどうかわからないが、雌をめぐる雄どうしの競争は現生大型類人猿の顕著な特徴なので、可能性はあるだろう。ゴリラ、チンパンジー、ボノボの雌はすべて、交尾のこととなると実に戦略的に行動する。最高の雄を、そしてことによると子供に受け継がせるべき最高の遺伝子を、それが見つかるところならどこでも探し求める積極的な策略家だ。霊長類学者がこのことを認識するのに何十年もかかったが、雌の類人猿は雄の欲望に受け身的に応じるわけではない。オランウータンは体の大きさの性差がいっそう大きく、やや孤独な暮らしをしている。ただし、オランウータンに近い祖先はそうではなかったのではないかと推測する科学者は少なくない。

私たちの祖先の暮らしを正確に理解するために、こうした類人猿から何が推測できるだろうか。リチャード・ランガムらは、最初期のヒト科は閉鎖的な集団のなかで暮らしていただろう、また、チンパンジーに見られるのと同じように雄の親族集団が接着剤の役割を果たしていただろうと論じている。またもっと最近のボノボの研究からは、チンパンジーの行動に基づいて考えられるよりも重要な役割を、雌が演じたかもしれないと考えられる。最初期の人類の最もいいモデルはどの類人猿なのかが、わかることはない。ただし私は、チンパンジーだという結論に大きく傾いている。最初期の人類と同じくチンパンジーは、広大な地域にわたって多様な環境に生息し、その生息範囲は、アフリカの東端と西端のところどころに森林がある草原から、大陸中央部、コンゴ川流域の低地原始熱帯雨林にまで及ぶ。この生態学的多様性と広い地理分布にくらべると、コンゴ民主共和国にあるコンゴ川の湾曲部より下流の領域に広がる低地熱帯雨林に限られたボノボの生息環境は、ちっぽけに見える。チンパンジーの広い生息範囲は、劇的に進んだ道具使用技術、石斧からシロアリ釣りに用いる小枝にまでわたる道具使用の伝統に見合っている。ボノボは目覚ましい社会的・性的多様性を備えているにもかかわらず、自然の生息環境で道具をつくり用いることに関してはひどく節約家だ。

チンパンジーの分布と生息環境は初期アウストラロピテクス属のそれに似ているかもしれない。アウストラロピテクス・アファレンシスなどの種が見つかっているおもな地域は、東アフリカのリフト・ヴァレー、つまり大地溝帯の山々の東側の雨が少ない地域に平らに拡がるサヴァンナから、南アフリカの草原にいたる地域だ。しかしおそらく最初期のヒト科が棲んでいたのがこの地域だけだったわけでなく、この地域には化石が保存されるのに都合のいい条件が揃っていただけだろう。それまでにアウストラロピテクス属が見つかった場所からはるかに西のチャドの乾燥地帯で、フランスの科学者ミシェル・ブリュネがヒト科のものかもしれない遺物を発見しており、この遺物から、初期ヒト科はアフリカ全体に棲んでいたかもしれない、それも私たちが知っているのとはまったく異なる形で生きていたかもしれないと考えられるという。

たとえばアルディピテクス・ラミドゥスやアウストラロピテクス・アナメンシスのセックスのシステムと集団形成様式は、森林と草原がモザイクをなす縄張りを守る雄どうしのきずなに支配された集団と見るのが妥当だろう。こうした縄張りのもとで、思春期にほかから移ってきた雌と子供たちが小さな集団か、ことによると大きな集団でいっしょに暮らしていた。雄は侵入者を追い返そうとしていないときには、雌とつがいをつくろうと競争しあった。おもに果物と葉を食べ、さらに昆虫、それにあさったり自分で仕留めたりした小動物の生肉を何でも食べた。

これが著しくチンパンジーに似ているように聞こえるとしたら、それは偶然ではない。現生のチンパンジーは、飛びぬけてルーシーによく似た動物なのだ。だがこのアプローチに納得しない科学者もいる。チンパンジーのような「モデル」を用いると、アウストラロピテクス属の行動についての広範な証拠から注意がそらされてしまうというので、批判する理論家もいる。こうした人類学者は、広範なフィールドから得られる情報を利用することを提唱する。それでもこうした理論家たちは一様に、ヒトとチンパンジーの共通祖先は確かにチンパンジーによく似ていたという結論を下している。

アイオワ大学のジョン・アレンと私が一九九一年の論文で指摘したことだが、初期人類の概念モデルは、最高のものでも実際には参照モデルを積み重ねたものにすぎない。チンパンジー、ボノボ、ゴリラなどの霊長類を混ぜ合わせると、あらゆる種類の科学者にとってもっともに思えるような初期の人類像ができあがる。

アウストラロピテクス属の社会行動について当て推量をするよりはるかに無難なのは、その生態行動について考えることだ。社会行動は化石にならないが（ただし体の大きさの性差から、性交のシステムは推測されるかもしれない）、動物と物理的環境との関係は、もっとはっきりわかるかもしれない。現生チンパンジーやボノボのように木の上で眠ったのでなければ、類人猿に似た初期ヒト科の動物がどのようにアフリカの夜を生き延びたのか、想像しにくい。また現生の類人猿には見事な道具使いの技術があるので、最初期の人類も道具を用いたと考えるのは理に適っている。研究者のなかには、こうした前提を心に刻み、今日のアフリカに見られるチンパンジーのねぐらと道具の分布パターンに基づいてアウストラロピテクス属の行動を再構成することを試みている人がある。

インディアナ大学の考古学者ジャンヌ・セプトはチンパンジーのねぐらを考古学者の目で研究して、石器群などの人工遺物が化石の間に集中しているのと同じようなパターンで、それらが分布していることを突き止めた。そして太古の人類は、今日大型類人猿が眠るのと似たような仕方で床に就いたのではないかと推論した。大型類人猿は一般にほとんど毎晩ごとに新しいねぐらをつくる。木のてっぺんに登り、枝を内側に折り曲げ、寝心地よく見えるベッドをつくる（ゴリラは例外で、普通は地上あるいはその近くで寝る）。しかしチンパンジーは、時として繰り返し同じねぐらの木あるいは木立に戻ることがある。翌朝に食べる果物を採るのに便利な場所だからかもしれないし、寝心地のいい木なのかもしれない。言い換えれば、私たちは普通ねぐらをヒト特有の特徴と見なすが、類人猿のなかにも、繰り返し同じ好みの場所で眠る傾向をもつものがいるのだ。人類が進化するにつれて、ねぐらの利用は私たちの祖先の生活様式の一部として重要さを増していったとセプトは推論する。ねぐらは日々の営み——眠ること、食べること（食物がここに運び込まれたかもしれない）、道具の製作と使用——が集中する場所になった。活動の拠点は跡を残し、考古学者はそれを研究して、遠い過去を再構成しようとする。

五〇〇万年前につくられた葉でできたねぐらや棒切れの道具が、今日どんな痕跡を残しているだろうかと思われるかもしれない。西アフリカのチンパンジーは石をハンマー代わりにして木の実の殻を割る。有効性を高めるために意図的に削られたものでないにしても、繰り返し叩きつけられて、石の縁は特徴的な摩滅パターンを帯びていて、長い年月が過ぎても、鋭い目をもつ考古学者ならそれを見分けることができる。道具になる石が集められるとそれだけで自然界の石の分布が変化し、それが現在でも見て取れるかもしれない。チンパンジーがつくりだすこのような道具群は、今まさにできあがりつつある考古学遺跡であり、フランスの研究者フレデリック・ジュリアンをはじめ、こうした道具群をそのようなものとして扱いはじめている科学者もある。

ねぐらさえ何らかの痕跡を残すかもしれない。マックス・プランク研究所のバーバラ・フルトとゴットフリート・ホーマンは、コンゴの森林でボノボを研究していて、ねぐらに利用される木に、ボノボがベッドをつくるために枝を折り曲げた結果として、特徴的な変形が生じることを見いだした。フルトとホーマンは、特徴的な折れ曲がりと再成長のパターンを探すために目を鍛えると、何年も前にボノボが眠るのに使われた木を見分けることができるようになった。したがって類人猿が絶滅した森でも、まだ木が立っていて、何を探すべきかがわかっていれば、かつてそこにあったものをある程度知ることができるのだ。

ルーシーは科学にとって暗号でありつづけ、多くの人がさまざまな問いの答えをこの標本に求めるだろう。ルーシーが教えてくれることは、細部では意見の一致を見ることはないだろうし、アウストラロピテクス・アファレンシスが現生人類の直接の祖先であったのか、頑丈型のヒト科の系統とか未知の系統の祖先でないのかどうかさえ、定かではない。しかし大局的状況ははっきりしている。二足動物はヒトの創生期の早いうちに速やかに現れ、そこにはほぼ間違いなく、現生人類につながる種ばかりでなく、辛うじて知られているだけかまだ発見されていないほかの多くの種が含まれていた。あらゆる証拠は、自然界が自然選択によって手直ししたり戯れたりしたけれども、けっして「完全な二足歩行」の創造を試みたりしたわけではなかった二足歩行の一形態を指し示している。

6 何のために立つのか

南西アフリカのカラハリ砂漠は生物にとって過酷な場所だ。気候は棲むのに適さないほど熱く、乾燥しており、おおかたの動物は日中は地中で過ごす。食料を探しに出てくると、足元の毒ヘビから頭上の鳥までさまざまな捕食者に対処しなければならない。生存できるかどうかは警戒と運にかかっている。この環境では小さな哺乳類は、さまざまな大きな生物にとって間食に手ごろなうまそうな獲物だ。

このような小さな哺乳動物の一つが小型のマングースであるスリカータ（ミーアカット）だ。トラネコとラットを掛け合わせたようなに見える（『ライオンキング』で主役の一つを演じている）この小さな肉食動物は、歩き回っている間中、捕食者に殺される危険に直面しながら、日々の暮らしをおくっていた。スリカータはこの脅威に対処する独特の戦略を編み出した。早朝穴を出て食料を探しに行くとき、集団のなかの一匹かもっと多くのスリカータが、地下の棲みかの上につくった盛り土の上で歩哨に立つ。しかしその立ち姿は、進化学者の注意を引いてしまった。スリカータは直立して身内を護衛する。バッキンガム宮殿の近衛連隊のオーディションを受けているかのように、ひとりか二匹か三匹一組で二本足で立ち、周囲を眺め渡す能力を最大化すべく背筋を弓なりにピンと反らせている。ワシが現れると、歩哨が警報を発し、群全体が急いで穴に戻る。

スリカータが立ったときの高さは三〇センチほどでしかないが、一瞬立ち上がって何センチか高くなると有利になると科学者は考えている。見張りのために二本足で立ったというのは、私たちの祖先の類人猿がなぜ立つことにしたかについての推測の一つでもある。スリカータの例では、歩哨行動が歩哨の親族の生存に役立つことが明らかにされているが、五〇〇万年前私たちの祖先にとって二本足で立って見張りをすることにどんな利点があったのか、ヒトの進化の専門家は想像するしかない。見張りをするために立ち上がったというのは、ヒトの起原についての一つの説ではあるが、霊長類の外に目を向け、小さなスリカータにその価値を見ないかぎり、検証できない。

最初期のヒトがどうして立ち上がって歩いたのかを突き止めたければ、普通はほかの動物に目を向ける。しかし、スリカータを含めて、動物界の例には問題がある。たとえばスリカータは時折立ち上がるだけでよかったのに、なぜ初期ヒト科は習慣的に二本脚で立たなければならなかったのか。スリカータの話は、限界はあるが有益なアナロジーだ。ヒトの起原についてのある物語に合うからである。それは、遠くで何が起こっているかを見る必要があったという物語だ。

ヒトの起原をめぐる理論は空想の物語であってはならず、厳密に科学的であるべきだとされている。だが自分の説を科学界で誰かに受け入れさせるのは、それが物語の形をとらないかぎり、むずかしい。私たちの心が物語を好むからだ。熱心な学生でいっぱいの講堂に立っていても、私が事実による説明から物語による説明に移って——野生霊長類を研究している私の人生の逸話を話しはじめて——ようやく、部屋のなかにいる全員がこちらに注意を向ける。内容だけでなくスタイルに興味を引かれたときに、私たちはひとの話によく耳を傾ける。私と同じ分野に属する多くの人が学問のオーラのなかに身を包むのを好む。興奮を呼び起こす新理論を考え出すには、データと優れた想像力だけでなく、マーケティングの戦略が必要だ。

しっかり構想された受け入れられやすい理論と、受け入れられない理論の違いは簡単だ。まず、その分野の最先端と一致しなければならない。新たに化石が発見されるたびに、新たに理論が立てられる。理論のもとになる事実が変わってしまったからだ。第二に、首尾一貫していなければならない。各部分が互いに矛盾してはならない。内部の整合性を達成し、しっかり確認された事実を用いて理論を立てれば、その理論は長生きするだろう。何年かのち、新たな事実に直面してその輝きは曇ってしまうかもしれないが。

それからパラダイムの問題がある。意識的かどうかはともかく学者は誰でも、知的な問題に取り組むとき、あるパラダイム——先立つ世代から受け継がれた研究への見方——に拠って立っている。ルーシーの歩き方をめぐって、競合するパラダイムが衝突したときに起きた地殻変動のことはすでに見た。今は亡い哲学者のトマス・クーンがパラダイムについての通念で提供した。古いパラダイムは、それに反する事実が積み重なったために新たなパラダイムに取って代わられるわけではない。むしろパラダイムは拡がって、新たな証拠を包含するが、やがて軋《きし》みだし、事実と理論が合っているとはとても考えられなくなる。そこに誰かが——ニュートンに異論を突きつけたアインシュタインのように——現れて、パラダイムは地震が起こったように突然揺らぐ。そして事態が落ち着くと、まったく新しいパラダイム、世界を理解する新しいやり方が現れている。きのうまでだったら誰もがそれを斥けたが、今ではそれなしで私たちが暮らしていられたことが信じがたくなる。新たなパラダイムはエレガントにして単純で、その信奉者は、それを考えつかなかった自分の愚かさが信じられない。まさにそのようにして、一八六〇年代に科学者たちのほとんどすべてがダーウィンの進化論を受け入れた。

ここまで私は、一種類の二足動物――ミッシング・リンク――が向上してホモ・サピエンスが生まれたという考えを捨てるべきだと読者を納得させようとしてきた。初期の二足動物に進歩があったという観念を含まない、新しい世界観をもってほしいのだ。二足歩行がただ一つの理由で現れたとか、二足歩行の発生を促したのと同じ要因が、のちにその効率を高めたと考えるべき理由はまったくない。呪術的思考でもしなければ、古い単純な直線的モデルを信じることなどできない。

私たちは、よくわかっていないことについて作業上の概念を出すために仮定をおき、それに基づいて考えを組み立てる。遠い昔に滅びた生物の行動を突き止める昔ながらのやり方は、それが何かの現生動物に似ていたと仮定することだ。すでに述べたとおり、初期ヒト科がどんなものだったかを示す動物の例として最も広く用いられているのはチンパンジーだ。一九六〇年代、シャーウッド・ウォシュバーンと教え子のアーヴェン・デヴォアは、ほこりっぽい研究室に座って骸骨の測定をするのをやめて、アフリカの低木林に行って、生きた霊長類を観察するべきだと人類学者を納得させるのにヒヒを大いに利用した。チンパンジーよりボノボをモデルとして好む科学者もいる。しかしヒトの起原を理解するやり方として、類似の種を利用するのは単純すぎるかもしれない。少数の表面的な類似点に頼って、ルーシーがどんなふうだったかといういいモデルとしてどれか一つの種に注目すると、私たちの祖先が具えていたであろう多様な適応を無視してしまうことになる。しかし出発点としては、太古の人類のモデルとしてチンパンジー、ボノボなどの霊長類を無視してしまうのは、不可能に近い。霊長類は、自分らの祖先とも私たちの祖先ともまったく同じでないかもしれないが、次善の策は彼らだ。あとで見るように、学者が広範な事実から最初期のヒト科の概念を形づくると、最終結果はたいていチンパンジーによく似てくる。これは私たちがみな、動物園のゴリラからテレビのチンパンジーの映像まで、いろいろな大型類人猿の姿を見て育つからかもしれない。初期人類が姿も行動もチンパンジーに似ていたという固定観念を捨てるのは不可能に近い。類人猿がまわりにいることを、ありがたく思うべきだ。もし類人猿たちがいなかったら、ルーシーの骨格に肉づけし髪を生やすのはまったくの手探りだった。

私たちの祖先がなぜ、いかにして二足歩行を採用したのかについての有名な理論をいくつか考えてみよう。ヒトの起原のモデルには、重要な機構的変化、生理的変化、丈の高い草越しにあたりを見たり食料を運んだりできるといったことが組み込まれてきた。そして多くの理論に、こうしたカテゴリーのうち二つ以上が組み込まれている。一種類の行動、文化的伝統、技術をもちだすことの問題点は、化石が行動の物理的証拠を与えてくれることはほとんどないということだ。たとえばカリフォルニア科学アカデミーのニーナ・ジャブロンスキーと同僚のジョージ・チャプリンが発表しているヒトの二足歩行についての理論によれば、初期人類は、集団内の不和を鎮める必要から、立ち上がってほかの者を圧倒するディスプレーをおこなったという。しかしこのような行動は化石に痕跡を残さないので、この説にはきわめて状況的な証拠しか存在しない。ヒトの進化に関するほかの多くの理論と同じく、基本的には、うまく構築された憶測である。レーモンド・ダートはずっと前に、初期ヒト科が直立して得た最大の利益は、サヴァンナの丈の高い草越しに、捕食者がやってくるのが見えたことだったという説を立てた。この説の基本的な問題は、パレードを見物する群集の後ろで身動きがとれなくなったときに誰でもわかるように、何がやってくるかを覗き見るには、数秒間まっすぐ立っているだけでいいということだ。ダートの説は魅力的だが、それを支える証拠はない。

やはりヒトの起原について広く信じられている一つの説も、うまく構成された推測である。水生類人猿説だ。科学界はほぼ全員一致してこの説を斥けているが、水生類人猿仮説は一般の人々の間では人気がある。何十年か前にアリスタ・ハーディーが唱えた考えに基づいて、エレーン・モーガンは一連の本のなかで、ヒトは進化史のなかで水生期を経験したのであり、私たちの解剖学的構造と生理にその痕跡が認められると主張した。ハーディーとモーガンによると、私たちの祖先はある重大な進化の局面で、海岸か湖岸で暮らしていたにちがいない。モーガンは痕跡をいくつか挙げる。イルカやアザラシに似て私たちには毛が少ない。皮下脂肪が多く、そのおかげで浮きやすくなっている。制御された呼吸は、湖などの水底に長い間潜っている間、溺れるのを防ぐのにうってつけだ。さらに、変わった体温調節能力があること、手が器用である（カキの殻をとるのにぴったりである）ことに加え、モーガンは、二足歩行まで痕跡として挙げる（浅瀬を渡るのに理想的だし、泳ぎができても二足歩行ができるのは損でない）。

水生仮説は、これより評判のいい多くの説と同じく、仮定の積み重ねだ。問題は仮定が間違っていることだ。インディアナポリス大学の生物学者ジョン・ラングドンは、水生生活へのヒトの適応についてモーガンが述べている主張がほとんどすべてまやかしであることを明らかにしている。水生動物は毛が少ない傾向がとくに大きいわけでなく、それは、陸生哺乳動物が必ずしも毛皮でおおわれていないのと同じだ。ゾウ、サイ、ブタを考えてみればいい。私たちの手が貝を食べるために進化したという考えは明らかに、筋は通っているが根拠のない話だ。白紙を前にして座れば、ほんの数分間でこれにおとらずもっともらしい推測を一〇個くらい考え出せるにちがいない。

水生仮説は、ヒトの進化を研究するものが避けるべき空中楼閣の一例だ。しかし大切な教訓を与えてくれる。理論を組み立てるうえで内的整合性と語りくちがどれほど重要であるかを思い出させてくれるのだ。よかれあしかれ、ヒトの二足歩行について最も影響力のある理論は、「プライム・ムーヴァー(第一動因)」の諸説だ。二足歩行がどのように現れたかについてのこうしたモデルは、一つの重要な特徴を支柱として用い、広範な方面から情報を集めて、二足歩行がどこからきたのかについて包括的な議論をおこなう。もちろん仮定を積み重ねれば、必ず困ったことになる。これから見るように、プライム・ムーヴァーはそれ自身の重みで崩れてしまう。しかしこうした説はきわめて影響力が大きく、創設者の名前で知られるようになることさえある。たとえば二足歩行の「ラヴジョイ・モデル」や「ジョリー・モデル」がある。

二足歩行についての理論が成り立つためには、データに確固たる基礎がなければならない。第一章で見たように、ヒトの進化についての最初期の理論は、ヒトが生まれるうえで道具の使用が根本的な役割を演じたという観念に根ざしていた。ダーウィンがはじめてそのことについて考え、その後二〇世紀の終わりまで、道具の使用についての私たちの考えは、強まったり弱まったりを繰り返してきた。シャーウッド・ウォシュバーンは、ヒトの進化のプライム・ムーヴァーとしての道具についての関心を復活させようとしたが、道具が現れたのは二五〇万年前で、二足歩行への移行がはじまったのはそれより三〇〇万年ほど早く、この二つの出来事の間に断絶があるのは火を見るより明らかだった。

プライム・ムーヴァーのなかで、普及しているものは少ない。レーモンド・ダートは、初期ヒト科にとって直立することの最大の利点は、丈の高いサヴァンナの草越しに捕食者が見えたことだったという説を唱えた。この考えの問題の一つは、最近認識されたことだが、ヒトの進化の最初期段階は開けた土地よりも森林の環境で繰り広げられた可能性が大きいということだ。

チンパンジーやボノボが直立するのは、何かを運ぶためであることがある。長距離にわたっては、直立してものを運ぶことはない。すでに見たように、チンパンジーが長距離を二本脚で歩くのは非効率だからだ。何かを長い距離にわたって運ばなければならない場合は、たとえば石くれや肉を脚の付け根に挟んで、四つ足で運ぶ。立ち上がって手を使うことの利点をめぐる理論には、こうした行動が現生類人猿に見られないという問題がある。それでも多くの理論家にとって、ものを運ぶというのは魅力的なプライム・ムーヴァーだ。食料を、それを見つけたり捕まえたりした場所から、それを食べるのに都合のいい安全な場所に運べるし、道具をそれが必要な場所に運ぶこともできる。

一九八〇年代以来最もよく語られる理論は、オーウェン・ラヴジョイが述べたもので、食料運び、一夫一婦制、ヒトの雌の生殖システムを組み込んだ理論だ。ラヴジョイは一九八一年に、威信ある雑誌『サイエンス』に書いた論文を、広く認められている前提からはじめている。化石類人猿の種類の多様性は、ヒト科が出現するだいぶ前から狭まってきていた。すでに述べたように、かつて熱帯雨林には今日のサルに匹敵するほど多種多様な類人猿が棲んでいた。しかし現代世界では、もし森林の伐採がなく人による密猟がなかったとしても、多くの種類の類人猿が絶滅に向かっていたかもしれない。四つの種しかない現生類人猿は、数多くの種があったかつての類人猿の栄光とくらべると見る影もない。なぜだろうか。

ラヴジョイの主張では、類人猿の多様性が低下したのは大型類人猿の繁殖率が哀れなほど小さいことによるという。人間の世界には女性が二年間隔で子供を産む社会が少なくないが、大型類人猿にはそれほど頻繁に子供を産む種がない。出産の間隔はゴリラでおよそ四年、チンパンジーとボノボで四年から五年、オランウータンでは六年から七年にもなる。オランウータンの雌が、一六歳で最初の子供を、三六歳で最後の子供を産むとすると(野生状態では普通のことだ)、子供を三匹ほど生み育てるだけの時間しかない(ヒヒやアカゲザルの母親は、もっと短い生殖期間にこの倍以上の数の子供をつくる)。類人猿でないサルは類人猿よりたくさん子供をつくる。ラヴジョイによれば、これで化石類人猿とその子孫は、進化史のごみ捨て場に行くことを運命づけられた。

そしてもっと重要なことだが、ラヴジョイはこう結論づけた。自然選択の結果として獲得された適応によって、私たちの直接の祖先がサルとの競争で成功を収めることがなかったら、ヒトの系統は、太古の類人猿から派生した一つの系統として、同じ暗い生殖の道筋をたどっていたことだろう。この生殖か死かというジレンマは、およそ五〇〇万年前に起こった。気候の乾燥化によって東アフリカの大きな熱帯雨林に切れ目が入り、森と草地の縞模様《キルト》ができた。現れつつあったヒト科に食物を供給してくれた果樹は少なく、まばらになり、類人猿でもヒトでも、いい食料を見つけたければ、開けた土地をますます広い範囲にわたって横切らなければならなかった。

ラヴジョイによれば、このような環境のもとで最初期のヒト科は登場した。彼は最初期のヒト科さえ高度な二足歩行をおこなっていたと長らく強く主張してきた一人であることを思い出そう。二足歩行は、最初期のヒト科が果物を探すためか、またことによると食べる肉の量を増やすためだったかもしれないが、広いサヴァンナを横切るという適応として出現したものだとラヴジョイは見た。そしてさらに、ヒト特有のものとされる特徴の大半は、実際にはヒト特有のものではないと指摘した。親指とほかの指が向かい合うなど、ヒトだけの特徴とかつて考えられた解剖学的特徴の多くは、ほかの霊長類にも見られる。道具の使用は二足歩行よりずっとあとにはじまった。私たちの最初の祖先を最も決定的に親類の類人猿から隔てた特徴は、ラヴジョイによれば雌の生殖生理だった。

チンパンジーの雌の尻から扇情的に垂れ下がる桃色の腫れを見たことがあるだろう。こうした腫れは、雄を受け入れる準備ができていることを鮮やかに告げ知らせる広告板で、その持ち主が排卵しようとしているか、雄の注意を引きたがっていることを宣伝している。このような腫れはチンパンジーやボノボには派手な形で現れるが、ヒトの女性には見られない。外面に目印が現れない私たちの排卵と、ヒトが進化するにつれて生じた特徴の間に、つながりのある可能性をラヴジョイは見た。そしてこう考えた。原ヒト科の雌はモザイク状の環境、まばらに散らばった食料、できるだけ多くの雌と交尾したがる雄に対処しなければならなかった。排卵の目印を示すのは、うまい戦略ではなかった。それでは、ひと月の周期のうち、生殖能力のある数日間以外は放って置かれることになる。しかし原ヒト科の雌が、目を引く腫れをなくして生殖可能な状態を隠せば、雄としては雌のそばにつきまとい、あるいは食料を与えるという形で雌に奉仕する誘因がはるかに大きくなる。

ラヴジョイはここに二足歩行とのつながりを見て取った。性の相手である雌をほかの雄の関心から欲深く守っている雄は、森が縮小するにつれて、雌に持って帰るべき食糧を見つけるためにそれだけ遠くまで歩かなければならなくなった。二足歩行することで歩くエネルギー効率が高まれば、雄は腕に食物を抱えて運ぶことができた。住処にいる雌は、今や熱心に世話してくれる配偶者から受け取る余分な栄養のおかげで生理状態が一段と向上し、それだけ多くの子を産めるようになった。出産の間隔が短くなり、現れつつあったヒト科はサルに滅ぼされることを免れ、新たな草地のニッチに進出し、最後は世界を征服した。

ラヴジョイの説が野心的であるのは確かだ。この説は太古の気候、解剖学的構造、生殖生理についての情報と、ものの運搬、果実食、ヒトのつがい作りといった行動についての推測を結びつけようとする。しかしこの説には、新しい考えとともに穴もあると考える専門家が少なくない。今では、ヒトの進化の決定的な段階は、サヴァンナではなく森のなかで繰り広げられたと考えられている。チンパンジーとヒトの両方の祖先には、発情期の大きな腫れがあったが、私たちの祖先はそれを失ったとラヴジョイは見なしているが、むしろ、チンパンジーとボノボで発情期の大きな腫れが発達してきたと考えるべき理由がある。そして、これがいちばん困ったことかもしれないが、その反対である証拠が圧倒的に多いにもかかわらず、初期人類の「自然な」つがいシステムは一夫一婦制だったとラヴジョイが考えていることだ。私たちの祖先のヒト科は、現生チンパンジーによく似た一夫多妻制のもとで暮らしていたという結論を多くの証拠が指し示している。

こうした問題があるにもかかわらずラヴジョイのモデルが大いに関心を集めたのは、話が魅力的だったからだ。一九八〇年代以来、ラヴジョイの説をめぐる論争はつづいていても、さまざまな他の説が、この説より根本的にはしっかりしていたかもしれないが、物語としてこれほどの質を備えていなかったことから、挫折してきた。ラヴジョイの物語は、弱者（新生の猿人）が、悪の力（低い繁殖率と気候の変化）に打ち勝って、世界制覇という目標の達成を志すというものだ。そしてハリウッド映画のように最後には成功するのだ。

最初の歩み

二足歩行の起原については、はるかに見込みのある理論があると私は考えている。その起原を理解する鍵は、ただ一つの理由で、あるいはただ一つのステップで二足歩行が現れたという観念を振り捨てることだ。私たちの解剖学的構造のすべてがそうだが、二足歩行にかかわる要素は異なる時点に異なる理由で生じた。最初のステップを過去とのすっきりした断絶――新たな生息環境に入る、あるいは新たな生き方をはじめる動き――と見るより、すでに何かをしていた類人猿がそれをこれまでより頻繁にするようになったとき、二足歩行が現れたと見たほうがずっと理に適っている。行動はのちに解剖学的構造に刻み込まれたのだ。ヒトの祖先が類人猿的な暮らし方から、たいへんヒトらしい暮らし方に突然根本的に移行したと主張する説は、科学界ではあまり支持を受けていない。したがって、運搬説にも見込みはない。類人猿はものを運ばないし、そのために直立はしないからだ。一方、原＝類人猿が二足歩行するヒト科に進化すると、自由になった腕で道具や赤ん坊などを運んだ可能性は十分ある。したがって、ヒトの起原についての理論は、たいへんヒトらしい何かの行動がその核心になっているようであれば、疑わしい。

私たちの二足歩行による最初の歩みが、肉食動物が横行するサヴァンナの陽射しのなかでなしに、安全な森のなかの日陰でなされたのなら、二足歩行をしなければならなかったことはどう説明できるだろうか。歩行そのものと同じく、答えは世間の耳目を集める説よりはるかに地味なものになるだろう。二足歩行の起原を理解する鍵は、ただ一つの理由、あるいはただ一つのステップで二足歩行が現れたという観念を捨てることだ。二足歩行は、数百万年かけて形づくられた手の込んだ芸術作品――モザイク・タイル――のようなものだ。

まっすぐに立って歩く本質的な理由は、日々の生存および生殖、つまり食べることや性交することと結びついているにちがいない。だから、ものを運んだとか丈の高い草越しにあたりを見回したなどの想像力あふれるシナリオは、消去していい。二足歩行することで交尾に成功する見込みがどう高まるかは想像しがたい。ただ、地位の高い雄が二本脚で立って自分の優位を示すディスプレーをおこなうことはできたかもしれない。だがこれでは、二足歩行がなぜ雌にも生じたのか説明がつかない。体に起きた劇的な変化と、生存するうえでの代償を考えれば、雌にも雄にも等しく進化の圧力が加わったと考えたほうがずっと筋が通っている。

類人猿もほかのどんな動物も、食物を見つけて食べることが日々の暮らしのかなりの部分を占める。この慢性的な進化の圧力はけっして消え去らず、(最悪の飢饉のときを別にして)ほとんど常に少しずつ効果を及ぼす。最高の栄養をとる者は、さらに食物をめぐって競争するエネルギーを最も多く蓄える。

いちばんいいものを食べている者が、交尾の相手をめぐって闘うエネルギーを最もたくさんもっている。したがって、二足歩行についていい理論を組み立てるのにいちばんいい出発点は、食物を見つけて食べるうえで直立することが強みになるかどうかを考えることだ。

私は、現在取り組んでいるチンパンジーの研究をはじめたとき、直立歩行にとくに興味があったわけではない。何しろ、サーカス以外ではチンパンジーが直立することはあまりない。実際一九九〇年代にタンザニアのゴンベ国立公園でチンパンジーを観察して過ごした年月に、チンパンジーがまっすぐ立ったり、直立歩行したりするのを見た覚えがない。タンザニアのマハレ国立公園を訪れたことがある。日本の霊長類学者、西田利貞がそこで名高いチンパンジー調査の指揮をとっていた。西田は、ジェーン・グドールがいた場所からわずか一〇〇キロたらずのところでグドールより数年あとに研究を開始し、グドールの先駆的発見を数多く確認していた。マハレはごつごつしていて豊かな森におおわれた丘が連なり、小さな急流が多いところだ。ある日、日本の研究チームとともにチンパンジーのあとを追っている途中、いっとき、私ひとりが川のほとりに近づいていく一頭のチンパンジーといっしょになった。チンパンジーはとくに水が好きなわけではない。水に興味をもつが、深く入るのは避ける。この大きな雄のチンパンジーは川を歩いて渡った。水を脚でかき回しながら数メートル先の向こう岸に着くと、まっすぐに立った。まるで一泳ぎして水から上がった人のように手を伸ばし、葉っぱを何枚かむしりとって、口に詰め込むと、植物につかまって体を支え、川から森に足を踏み入れた。

これは二足歩行だ。しかし、これはめったにおこなわれない。一頭の野生チンパンジーの暮らしを観察して年にほんの数回目にするかもしれないくらいだ。だが、それからまもなく次の野生チンパンジー調査でわかったのは、二足歩行が必ずしも稀でなく、必ずしも地上でおこなわれるものでないことだった。ウガンダのブインディ・インペネトラブル国立公園で、ある朝私の調査対象集団に含まれる雌のチンパンジーが、高くそびえる木の上でイチジクをほおばるのを見守った。チンパンジーは赤ん坊を危なっかしく胸にしがみつかせ、三本足で大きな枝に立って、頭上に手を伸ばした。すると突然まっすぐに立ち、長い腕を使って頭上数フィートのところまで手を伸ばし、イチジクをつかんだ。筋肉質の足で枝の上にとどまり、手で体を安定させて、三〇秒間二本脚で立ちつづけた。母親がイチジクの実を摘《つ》みとっては口に押し込んでいる間、赤ん坊は母親にしがみついたまま上下に揺れている。直立するチンパンジーはほかにもいた。ただし、せいぜい一分間ほどだったし、常に枝につかまっていた。時として、イチジクをとろうと遠くまで手を伸ばしすぎてよろめき、四肢のそれぞれで別々の枝をつかんで、水平に近い向きに体を支える羽目になることもあった。

一方地上では、落ちた果実をほおばっているチンパンジーがいた。一頭が、熟れた実がたくさん実っているように見える若木を近くに発見した。ナックルウォークでそこまで行き、手を伸ばして実をもぎとった。まず地面に座ったまま、心ゆくまで果物を食べられるように手を伸ばして、下のほうの枝を引き下げた。しかし手の届かない枝もあったので、直立して、そういう枝を片手で摑み、もう一方の手で実をもぎとった。数分間そうしていた末に、満足したことを示すブーブーという声を上げ、これは抗らいがたい宣伝の役割を果たして、仲間たちが、この木の実を味わいにやってきた。

この場面が人類史の初期にどのように繰り広げられたかを考えるには、たいした想像力は要らない。同じような森だし、似たような類人猿だ。だが類人猿は、最後に手をつけた木の数フィート先にある小

チンパンジーは時折、立ち上がって歩くことがある。この一頭は、タンザニアの急流を渡って向こう岸に出たところ。

チンパンジーは地上あるいはそれに近いところで立ちあがり、小さな枝を引き下ろすことによって、手近の果実を手にいれる。

さな木をまた見つけると、直立してぎこちなく森の地面を三歩進み、座り込んで、新しい場所でまたものを食べる。

これは、ヒト科が完全な直立姿勢で何キロも歩くことほど重要とは思えないかもしれないが、それでも二足歩行だ。地上でも木の上でも、こうした行動が一〇〇万年にわたって何百万回も繰り返されれば、祖先には利用できなかった食料資源を利用できる類人猿の系統が自然選択で有利になる。このような利点は、類人猿の解剖学的構造がより長く、より安定を保ちながらまっすぐ立っている能力を向上させるように修正されて、それが自然選択で選ばれた結果として得られてきたのかもしれない。こうした幸運な類人猿は自分の遺伝子、つまり直立姿勢へのゆっくりした着実な移行の背後にある遺伝子を、後代に受け継がせたことだろう。

インディアナ大学の霊長類学者ケヴィン・ハントが、一九九〇年代にタンザニアのマハレ国立公園で二足直立姿勢の使用について詳細に研究したところ、観察時間の五分の一近くにわたって地上と樹上で二足歩行が見られた。チンパンジーが二本脚で立ったときの五回に四回は、食物を食べているか探しているときだった。ハントはチンパンジーによる地上と樹上の二足歩行を、初期人類が棲んでいた森の端で食料を探したとき何をしていたかを知る手がかりと見る。彼は直立して食料を集めるチンパンジーの行動の観察結果に基づいて、サー・アーサー・キースのアーム・ハンギング説を修正して復活させようとした。キースが重視したのは、木の上を移動するときのアーム・ハンギングだったが、ハントは腕で体を支えて木の枝の上に立つことの重要性を強調する。

二足歩行のルーツは現生類人猿の行動のうちに見られると唱えた研究者は、ハントが最初ではない。

一九七〇年代にラッセル・タトルは、アジアの熱帯雨林で枝に腕でぶらさがり体を振って移動するテナガザルも、高い枝の上を直立歩行するときに、二足歩行の起原についてヒントを与えてくれると論じた。このような時折おこなわれるだけの二足歩行が、ヒトの祖先の類人猿が地上で過ごす時間を増やしはじめたときに生じたできごとの原型だった可能性は十分ある。そうタトルは考えた。ハントとタトルは、サー・アーサー・キースの古いアーム・ハンギング説を修正して復活させた。ただしハントの提唱は、アーム・スインギング（腕振り）よりも、むしろアーム・ハンギング（ぶらさがり）だった。二足歩行は、腕を振って木から木へと移動するときにではなく、腕で体を支えて枝の上に立っているときにおこなわれたとする。チンパンジーはヒトとくらべて直立歩行の効率が低いが、二足歩行をほかの姿勢と組み合わせれば、きわめて効果的だったかもしれない。また霊長類学者のクリフォード・ジョリーとリチャード・ランガムは一九八〇年代に別々にタトルの樹上説を補足して、チンパンジーなど数種の現生類人猿に見られる短距離のよたよた歩きが、本当の直立歩行が現れる前に原＝ヒト科の動物がやっていたことと似ているかもしれないと論じていた。

解剖学者のマイケル・ローズが重要な指摘をした。チンパンジーは、二足歩行に適していないと見えるかもしれないが、「何とくらべて適していないか」を考えなければならないというのだ。確かにヒトとくらべれば歩く効率が悪い。だが進化のどの段階でも、解剖学的構造はそれが用いられる状況のなかで自然選択によって形づくられるのだ。食料探しという状況でほかの多くの姿勢と組み合わせられる場合には、類人猿に似たヒト科が二足歩行や引きずり歩きをやるのは、それなりに使いものになったのかもしれない。最初期の二足歩行者を半製品の現生人類と見るよりは、それ自身の歩き方にはよく適応していた生物と見る必要があるだろう。

二足直立姿勢の起原をこのように見ることの利点は、都合のいい突然の出来事や特別の出来事、そして四本足で歩いた過去との断絶を何も必要としないことだ。最初期の二足歩行人類は、よりよい二足直立姿勢に「たどりつく」ために、適応への道をよたよた歩きするには及ばなかった。時折二足歩行するが普段はナックルウォークをする生物が、何千世代を通じて次第にもっと完全な二足歩行にいたるのには、行動にも解剖学的構造にも突然の劇的な変化は必要でない。ロッドマンやマクヘンリーが立てたようなモデル——カレン・ストイデルによる歩行のエネルギーバランス分析とは衝突するエネルギー効率説——は根拠がなくなる。ロッドマンやマクヘンリーは、ラヴジョイ、スターン、サスマンらとともに、よい二足歩行と悪い二足歩行のどちらかしかないという黒か白かの目でものを見ている。現生類人猿の行動に照らせばこうした考えは意味をなさない。初期ヒト科動物は、自分たちがずっとやっていた種類の二足歩行はうまく使っていたのだ。二足歩行の変化が起こったのは、絶えず変わりゆく環境圧力のせいだった。

しかし変化の推進力はなぜ生じたのか。五〇〇万〜六〇〇万年前の東アフリカの環境は変化して、すでに見たようにサヴァンナが森に取って代わりつつあったが、それだけはない。雨量が減り季節変化の程度が高まるにつれて、森の種類も鬱蒼とした閉鎖的なものから、もっと開けたものへと変わりつつあった。その結果として、こうした森のなかでの好みの果物の分布も変化した。密集していた果樹が分散してきた。かつて絨毯のように生えていた低木林は、まだら模様になった。たとえ数キロメートルでも、こうしたまだら環境のあいだを動き回るために、ヒト科は二足歩行の頻度を高めた。

森のなかで食物を得る特定のやり方にぴったり同調した適応として二足歩行が発達したとすれば、古生物学者が化石に見いだしはじめている多くの種類の二足歩行の説明がつく。一九九九年のケニアントロプス——同じ時期のアウストラロピテクス・アファレンシスよりも現代的な三五〇万年前の二足動物——の発見で、二足歩行をした種が多様な進化の道筋をとったことが明らかになってきた。それだけの多様性が存在するには、もっともな理由があった。ゴリラとチンパンジーは今日アフリカで同じ森に棲むが、食料資源を異なる仕方で利用して、真っ向から競争するのを避けている。五〇〇万年前には多くの種類の初期人類が、やはり異なるものを食べるか、同じものの異なる部分を食べるかしていた。地上と樹上でそれぞれ過ごす時間の少しの違いが、解剖学的構造の違いになってゆき、同じ森のなかで二、三種類の原ヒト科が共存することができたろう。

以上の議論で、私は一個の要因が二足歩行をもたらしたと主張しないし、単純で直線的な一足飛びの移行があったと述べたわけでもない。進化の上で起こったほかの多くの出来事と同じで、これもそんな形では起こらなかった。最初の歩みの原因が、のちの改良の原因と直接つながっていたと考える理由はない。どのステップも、その前のステップの手直し版だった。自然選択によってパッケージに手が加わり、パッケージが変わると、将来のヒトへの進化の出発点も変わった。そのことで科学界を納得させるのはむずかしい。科学者もほかの人と同じく、よくまとまった物語を信じやすいからだ。そのつど手直し、微調整するというのは、食物を運んだとか排卵期を隠したなどという多くの物語ほど魅力的ではない。しかしほかの物語と違って、この方が現実の類人猿の行動と、自然選択による進化の現実のあり方には合っている。

これまで、パズルの非常に重要なピースを一つ残してきた。以上に書いてきた出来事が私たちの祖先の最初の歩みにつながったとして、初期人類がひとたび直立歩行するようになってから、なぜ直立歩行がますます効率的になりつづけていったのかは、まだ検討していない。餌を得るためにゆっくり短い距離を歩く能力のあった類人猿に似た二足動物が、高い効率でほとんど際限なく立って歩きつづける能力のあるマラソン歩行者へと、なぜ進化したのだろうか。

7

肉を探し求めて

一行は明け方に野営を撤収し、一列に並んで森に入っていった。男たちは身長が一五〇センチほどしかなかったが、自分自身が小人に見えるくらい巨大な木の弓を担いでいた。女たちも一部はきていたが、大半は野営を撤収してあとからくることになっていた。私たちが道と認識できるような道はたどらず、昇る太陽に向かって一心不乱に歩きつづけた。そのペースは、なかばジョギングと呼べるほどだった。森の地面に絡み合って生えている植物をかき分けて、驚くべき敏捷さで進んだ。

一行は午前の半ばまでに八キロほど進んだ。アルマジロを捕まえるために束の間立ち止まっただけだ。その後ハチミツ、地虫、ヤシの実、そして南アメリカの小さなげっ歯類であるアグーチを一匹見つけ、つかまえた。たそがれが近づいて、やっと探していたものを見つけた。森の樹冠が形づくる天蓋のなか、遠くでけたたましい音が鳴り響いた。それは、サル——この人間たちが好むオマキザル——がいることを意味した。一行は止まり、男の一人が、子供のオマキザルが困ったときに出す音を真似て静かに口笛を吹いた。彼が繰り返して口笛を吹く間、一同は辛抱強く待った。やがて一〇〇メートルほど離れた木のてっぺんにサルが一匹現れ、それからまた一匹、さらにまた一匹現れた。オマキザルの集団は口笛を子ザルが困っている徴《しるし》と考えて、音がするほうに移動してきたのだ。

サルが近づいてくると狩人の一人が弓を立てて、矢を放ち、一匹の脇腹に命中させた。サルはほとんど射手の足元に落ちた。ほかのサルたちは仲間の死を無視して、迷子になった子供を捜しつづけた。オマキザルは一匹また一匹と狩人たちの矢に倒れていった。サルが矢で傷つきながらも、生きたまま地面に落ちることもあった。その場合には狩人たちはサルを捕まえ、手で殺した。一行は合わせてサルを七匹殺して、ここを離れた。

男たちは、はるか後ろからついてきている女と子供たちに自分らの位置を合図で伝え、森のなかが闇に閉ざされると、集団は全員が集まり、夜を明かすための小屋をつくり、キャンプファイアでサルの肉をあぶった。およそ二四キロ歩いた末に、狩猟採集民の集団は休息をとった。次の日もまた同じことの繰り返しだとよく承知しながら。

人間の行動と生態学的特徴のルーツについての中心的な理論は、進化の道がヒトと類人猿に分岐したあと、私たちの祖先はさかんに肉を食べるようになったというものだ。肉食は、直前の祖先に起こっていた脳容量の増大をさらに促進した重要な要因だったと広く考えられている。だがこの着想は、論争のなかで生まれたものだ。

一九六八年に、著名な自然人類学者シャーウッド・ウォシュバーンとそのもとで学んでいたチェット・ランカスターは、『狩猟する人間』という学術書に「狩りの進化」という論文を発表した。過去数百万年にヒトの脳がなぜ、どのように大きさと複雑さを増したのかという説明として、二人の人類学者はこう書いた。「私たちの知性、関心、感情、基本的な社会生活…は狩りへの適応に成功したことの進化的な産物だ」。大きな獲物の狩りはヒトの起原で中心的な役割を演じたと論じた。多くの伝統社会で男は狩り、女は食料採集を担う傾向がある。

ウォシュバーンとランカスターは、家に食料を運んでくるという何より大切な仕事を男に割り当てた。狩りで成功するには意思疎通と協調が必要になるので、狩人になるには、知性と意思疎通能力が必要だ。また二人は狩りをしたいという雄の欲望を、これにおとらず根深い、戦争に行きたいという欲望と同一視した。男は本来、食料を供給するという華々しい役割を担い、女は家にいて植物の根や塊茎を集め、料理をする「だけ」なのかもしれないと示唆した。これを皮切りに、狩りという技で雄が本来優越していると主張する影響力のある論文が氾濫することになる。

『狩猟する人間』は妥当な論理に基づいていた。多面発現効果と呼ばれる遺伝学的なつながりには多くの例が知られていて、これによって自然選択で一方の性に生じた特徴がもう一方の性にも現れてくる。雄の乳首はその一例だ。しかし、この考えに性的偏見を察知する人類学者がいた。カリフォルニア大学サンタクルス校の人類学者ナンシー・タナーとエードリアン・ジールマンが一九七六年に、狩猟採集社会のなかには、男ではなく女が動物性タンパク質の大部分を手に入れる社会があると指摘した。男は年に一度キリンを仕留め、次にキリンを仕留めるまで一年間毎晩火のそばでそのことを自慢しつづけるかもしれない。

『狩猟する人間』に対する批判は激しく、長くつづいた。人類学者など科学者たちは、霊長類社会についての自分たちの理解が性的偏見によってどのように妨げられてきたかを再検討した。観察者は普通、雌より雄に注目してきた。雄のほうが大胆であり、したがって観察しやすいことが多いからだ。批判のなかで、初期人類社会で女性が果たした役割が長らく無視されてきたと認識されるようになった。動物の死骸をさばくためにつくられた石器は化石とともに残っているが、木でつくられて女性によって食料採集に用いられた道具は、保存されなかっただろう。

考え方のこうした変化も一因となって、肉食がヒトの存在の核心にあるという観念は崩れた。一九九〇年代になってやっと再び、肉食はヒトの進化のかなりの部分で触媒の役目を果たしたものと考えられるようになった。

自然界で手に入る肉には二種類がある。生きた動物の肉と死んだ動物の肉だ。生きた獲物を捕まえるには捕食者としての能力を備えていなければならない。つまり生体に備わる武器——鉤爪と歯——か、外界にあるものからつくった槍のような武器をもっているということだ。最初期のヒト科にはどちらもなかった。ではどうやって肉を手に入れたのか。歯と生息環境の研究から、私たちの最初期の祖先はおもに植物を食べていたもので、果物が好物だった可能性が大きいと考えて差し支えない。私たちの祖先は、肉が手に入ればどんな形のものでも食べたことだろう。肉を貪欲に食べる現生チンパンジーも、今日の狩猟採集民も、昆虫からゾウまであらゆる動物からタンパク質をとった。ヒト科動物は武器がなくても時折、ラット、ウサギ、子豚、子鹿などの小動物を捕まえただろう。

三〇〇万年から五〇〇万年前に、肉は東アフリカの森と草地で広く手に入った。そこに今日と同じように有蹄動物の群れが棲んでいた。だがこうした動物を捕まえるには、小さな原＝ヒト科動物に具わっていたものよりずっと優れた技術が要る。シマウマやヌーがひとりでに死ぬか、ライオンによって殺された一部分が食べられるかするのを待てば、自分で殺す手間をかけなくても大量の食事にありつけるかもしれない。問題は、アフリカの陽射しのなかで大きなシマウマの死骸にかぶりつくのは魅力的だが危険でもあるということだ。ライオンが、自分の仕留めた獲物の食べ残しを生意気にも盗みにくる者を最寄りの低木林のなかで待ち伏せしているかもしれない。それに大きな肉食動物の危険がなくても、アフリカの陽射しにさらされた死骸は、すぐに腐りはじめ、数日のうちに食べられなくなる。だから肉に飢えた原ヒト科にとって、殺された動物に出くわすことを期待するのは、定期的に肉を見つけるための頼りになる戦略ではない。

このジレンマ――肉はいたるところにあるのに、食べられる肉はあまりないという状況――に、ヒトの進化を研究する生物学者は長年困ってきた。そこから、初期人類が狩りをしたのか死肉をあさったのか、また私たちの祖先の進化のどの段階で肉食が重要になったかをめぐって激しい議論が起こった。一九七〇年代に男性狩人説が崩れたあと、肉食に対する新たな見方が浮かび上がった。考古学者で、長年「新しい考古学」を言ってきたルイス・ビンフォードは、遠い過去を理解するのに現在を利用して厳密な仮説検証をおこない、過去を再構成するということを、ずっと前から提唱していた。初期ヒト科や化石ハイエナがガゼルの死骸をしゃぶったかどうかを見極めたければ、いま生きているハイエナがガゼルをどのように食べるかを知らなければならない。ビンフォードに倣って、考古学の学生たちは、初期ヒト科とともに生きていた動物の子孫である肉食動物の行動研究に取りかかった。また化石の発掘現場の読み取りがいかに間違いやすいかを研究しはじめた。それまでの考古学者なら、ヒト科動物、アンテロープ、ヒョウの化石化した骨で満ちた洞窟を見れば、ヒト科もヒョウも捕食者であり、洞窟にアンテロープを引きずり込んだと考えたかもしれない。新世代の考古学者は同じ光景を見て、ヒョウがヒト科を洞窟に引きずり込んだと認識した。私たちの祖先は時には、狩る側ではなく狩られる側にあったのだ。

太古の世界に対するこれまでより批判的なこの見方も一因となって、一九八〇年代に考古学者は、私たちの祖先が肉を手に入れたやり方は狩りよりむしろ死肉あさりだろうと考えた。多くの有名な考古学的遺跡が新たな分析に基づいて再検討、再解釈され、大きな獲物の狩りがおこなわれていた証拠とかつて見られていたものが、死肉あさりの証拠と解釈しなおされた。狩りがヒトの進化の推進力だったという考えは挫折し、これに代わって、私たちの祖先は永遠に宝物探しをつづける小さな生物で、死んだシマウマから、それを殺した肉食動物の目を盗んで一部分を切り取り、安全に食べるために急いで逃げ去ったという観念が生まれた。

私たちが狩りをしていたのか死肉あさりをしていたのかが、なぜ問題なのか。私たちの祖先の暮し方を再構成するうえでこの違いは大きいのだ。大きな肉食動物がもっている天然の武器をもたずに、巧みで効率的な狩人になるには、何年も練習と学習を積み、年長者を注意深く観察しなければならない。自分と仲間の狩人との行動の協調を覚えることも、決定的に重要かもしれない。協力しあえば、殺されずに危険な動物を殺すことのできる確率が高まることは、まず間違いないからだ。学習にかかわるこうした要因から、社会集団には大きな役割があり、しっかりまとまった社会集団の一員であることには生存のうえで価値があったのではないかと考えられる。また、優れた狩人になるには社会的知性が決定的に重要であるし、手ほどきをしてくれる年長者のもとで重要な成長期を過ごすのも同じように重要だと考えられる。

死肉あさりには、たいへん異なる種類の技が必要だ。集団の協力は、環境に各個人が払う注意にくらべて、重要さが低いかもしれない。死肉をあさって生きる動物は、広大な土地で死骸を見つける能力が優れている。嗅覚は大切な感覚だが視覚も重要だ。今日の採集民は、ハゲワシが旋回しているのを何キロも先から見守ることで死骸を見つける。初期ヒト科にはこうした能力があったのだろうか。死肉あさりがうまくなるための学習曲線は、狩人になろうとするときほど長く、集中力を要するものではないかもしれない。獲物は動きもせず、身を守りもしないのだから。この戦術でただ一つの課題は、広大なセレンゲティで目当てのものを見つけることだ。初期人類の生きかたかを念頭に置いて、死動物を食料として生きることの現実性を研究してきた研究者は、死肉あさりは現実性のある生き方ではないという結論を出している。死体は広く散らばっていて、腐敗するか、すぐにほかの腐食動物に食べられるかするし、出産や渡りの季節など限られた季節にしか手に入らないことも多いのだ。

チンパンジーから得る手がかり

肉食はカロリー、タンパク質、とりわけ脂肪を得るには最上の手段なので、食物に関するヒトの適応として中心的なものだ。食事と食料採集は、直立への移行で起こった解剖学的変化の先触れとなった行動の変化に最も重要な影響を与えたものだ。歩行と肉食がどう関係しているかを理解するために、私たちは二つの集団から、つまりどちらもヒトではない肉食霊長類である狩猟社会と採集社会から、鍵となる教訓を引き出す。後者の例は少ない。霊長類の食事はたいていい植物に限られるからだ。

改めて肉食に関心が集まるようになった理由の一部は、チンパンジーの間で肉食がどれほど重要なのかについて新しく知見が得られたことにあった。類人猿のなかではチンパンジーだけが、貪欲に習慣的に肉を食べる。チンパンジーは、食事のなかで肉の占める割合はわずかでしかないとしても、きわめて効率的な捕食者であり、協力しあって狩りをし、儀礼にしたがって肉を分け合い、手に入れやすい植物よりは肉をはるかに大事にする。ボノボはサルを捕まえることがあるが、食べることはない。人形かオモチャのように持ち運び、ほったらかしにしたり、いくらか手荒に扱ったりする以上の危害は加えずに放してやる。ボノボは小さなアンテロープを食べるが、肉の消費の全体的水準はチンパンジーで一般に見られる水準の何分の一かにすぎないようだ。

チンパンジーが肉探しに出かけることはめったにない。ほとんど常に、果物を集めているときに小さな動物に出くわすと狩りをする。アフリカ赤道地帯のチンパンジーはほぼ全員が森の生息環境に棲んでいる。草原地帯や川沿いに棲むものでも、その近くの森でほとんどの時間を過ごす。野生チンパンジーが最もよく捕まえる獲物は、サルのコロブスだ。木の上に棲むこの騒がしいサルは立ち上がって、逃走よりは闘争を選ぶことが多いが、攻撃するチンパンジーの雄の集団が十分大きければ、少なくとも一匹はほぼ間違いなく仕留められる。

チンパンジーは野生の子ブタやアンテロープの子供も頻繁に食べる。チンパンジーは、そうした動物が森の地面に身を潜めているのを見つける。林のなかで親ブタや親アンテロープが無駄な抵抗をする間に、獲物を捕まえて逃げる。チンパンジー調査の間に私が経験した最も恐ろしかった瞬間の一つは、至近距離で怒った母カワイノシシと向きあい、相手が牙を振り小さな丸い目を剝いてこちらを睨んだ瞬間だった。それでもチンパンジーは子ブタを盗み、そのあとは捕獲者と、少しくれとせがむ者と、見物する者が押し合いへし合いすることになる。

しかし科学者と一般人と両方の関心を最も多く引いてきたのはサル狩りだ。ブタ狩りやブッシュバック狩りが熱狂的に無計画におこなわれるのと違って、サルを捕まえるには計画を完璧に実行する必要があるし、ときには多くの熟慮が必要になる。アフリカのチンパンジーの食料採集隊が日々の巡回で森のなかの丘を歩くと、多くの果樹、葉を茂らせた潅木、香草の野原、時折サルの集団に出会う。レッドコロブスは体重が最大で九キロにもなる木を好むサルで、五〇匹を超える集団をなして暮らす。捕食者から攻撃を受けると、群れの雄たちは団結して侵入者と勇敢に闘う。チンパンジーはコロブスが群がっている木のそばを通りかかると立ち止まり、小さな赤ん坊を抱えた母サルが見つからないかと、樹冠のなかに首を伸ばす。

チンパンジーがひとたび狩りをしようと決めると、結果はむごたらしい殺戮であることが多い。雄のチンパンジーは——狩りはおおむね雄の余暇活動だ——木に登り、不安げなサルに下から近づく。母親は子供を集め、雄は配偶者や子供たちと攻撃者とを隔てる保護の壁をつくろうと試みる。ある木で、幹の最初の枝分かれ部分に群がって防衛するコロブス集団に、雄のチンパンジーが行く手を阻まれるのを見たことがある。妨げになる金属リングのせいでリスが鳥の餌箱にたどりつけないように、チンパンジーは樹冠まで行きつけなかった。しかしコロブスにとってこれほど有利でない状況では、チンパンジーは最後にはサルの隊列を突破して目当ての獲物である雌と子供に達する。

次に何が起こるかは、かなり状況次第のところがある。攻撃側の雄チンパンジーの数と各自の狩りの腕前、守備側の雄コロブスの数、攻撃の舞台となっている木の高さ、周囲にサルの逃げ場となる木があるかなど。チンパンジーのなかには貪欲で大胆なものがいる。タンザニアのゴンベ国立公園に棲むカサケラのチンパンジーの群れで現在第一位の雄であるフロドは、そのような積極的な捕食者だ。フロドがいると、狩りがおこなわれる確率だけでなく、それが成功する確率も高くなる。それにフロドは無慈悲にまた効率的に狩りをする。一九九〇年代に五年間に、フロドはひとりで、群れの縄張りに棲むレッドコロブスの一〇パーセントを殺した。私が「大チンパンジー歴史理論」と呼びたい説では、フロドのような一頭の雄の狩人がコロブスの個体数を激減させたかもしれない。

サル狩りを見ていると興味をそそられるとともに恐ろしさを感じる。ゴンベで調査していた年月に、新たな観察結果と見通しに興奮しつつも、育つのを見守ってきたサルがチンパンジーの手にかかって死ぬのを見たときの嫌悪感は拭いされなかった。ゴンベでは雄のチンパンジーたちは、必ずしも行動を協調させずに互いに利用しあって獲物を仕留める。枝の先に子供を運んでいく母コロブスを一頭のチンパンジーが追いかけ、母コロブスが別の枝に飛び移ると別の雄のチンパンジーが待っていて、母コロブスを攻撃するか、その腹から子供をもぎとるかして、母コロブスは逃がす。これは協力ではない。捕獲者は獲物の肉を、狩りのときに助けてくれた仲間と必ずしも分かち合わない。

しかしチンパンジーが獲物を分かち合うかどうかは、観察している群れによるらしい。狩りで助けてくれた仲間へのお返しとして、また一種の身内びいきとして獲物を分かち合うチンパンジーもいる。ゴンベでは分かち合いはその場主義、親族関係、ひいきの問題だ。家族とは互いに分かち合うが身内以外の者は鼻であしらう。雄が、この個体とは連携ネットワークを強化あるいは新設する必要があると判断した雄あるいは雌と分かち合い、さらに雄は、発情していて交尾の相手になる可能性のある雌には獲物を分ける。狩りの集団のメンバー全員が、獲物の分け前が与えられるのをときには何時間も座って待ち、多くが腹をすかせたまま立ち去る。それでも狩りはチンパンジーの生活で一日の焦点であることがあり、騒ぎを聞きつけてしばしば遠くから群れのメンバーが集まってくる。

私たちの最初期の祖先がどのように行動し、何を食べ、その食生活が私たちの進化にどう影響したかを再構成することを専門にしている人類学者は、この種の行動に興味をそそられずにいられない。肉食がおこなわれた最初の確かな証拠――鋭い刃のある単純な卵形の石器――は二五〇万年前のものだ。間違いなくそれ以前から、初期人類は何らかの種類の道具――木切れ、未加工の石や竹でつくったもの――を作り用いていたと私たちの大半は考えているが、このような太古の技術は考古学的記録に何も残っていない。チンパンジーから得られる証拠からすると、原始ヒト科は狩りも死肉あさりもともに行い、伝統的な人間社会が今日示しているのと同じように、場所によって違う文化的多様性を呈していた。数百キロ離れて暮しているチンパンジーの社会で、道具文化と肉食の慣習が異なる。最初期のヒトがそうでなかったと考える理由はない。

厳格な草食動物であるゴリラは、貪欲な雑食動物であるチンパンジーと際立った対照をなす。かつて、ゴリラとチンパンジーは多くの点で行動が著しく違うと考えられていたが、一九九〇年代になると、違いはそれほどはっきりしたものではないと考えられるようになった。以前、ゴリラは動きが遅く、あまり移動せずに木の葉を食べ、ウシの霊長類版という感じで山の草地でゆったりと草をはんでいると考えられていた。こうした大胆な二分法が存在したのはおもに、最初期でありながら最も詳しかった野生ゴリラ研究が、一九七〇年代にダイアン・フォッシーによって東・中央アフリカのヴィルンガ火山ではじめられたからである。

ヴィルンガ火山にわずかに残っているゴリラの個体群は、ほかのゴリラと異なっている。この三〇〇頭の類人猿が棲んでいる山中の生息環境は、アフリカでほかにゴリラがいるどんな場所よりもはるかに寒くて棲みにくい。ここのゴリラたちが噛み切りにくい繊維質の葉っぱ——野生のセロリ、あざみなど——を食べるのは、好き好んでしていることではなく、選択の余地がないからだ。ゴリラが生息する標高三〇〇〇メートルから三六〇〇メートルの範囲には果樹はあまりないので、炭水化物が豊富な食事をとるのは問題外である。ヴィルンガのゴリラは、ほかのアフリカのゴリラなら見向きもしない極限的な生息環境でやっと生き抜いているだけなのだ。

ここを除いて、赤道アフリカに棲むゴリラの大多数を占める八万頭ほどのゴリラを見れば、ヴィルンガの個体群が生態学的に変わり種であることがはっきりする。低地ゴリラは広大な熱帯雨林や、村のすぐ外の低木林に棲んでいる。どこに棲んでいても果物を食べて生き、食料不足でやむをえないときにだけ繊維の多い葉っぱの食事に頼る。この点ではチンパンジーと違う。チンパンジーは、いざというときだけ貧しい森の食物を利用するという贅沢はできない。熟れた果実が乏しいとき、まだ実がなっているめずらしい木を見つけるためにチンパンジーはどんどん小さな集団に分かれて、ますます遠くまで行かなければならない。しかし低地ゴリラも、果物を多く食べるほど遠くまで行き、ときには山のゴリラよりはるかに遠くまで行くことがある。

ゴリラの社会的行動も、かつて考えられていたのと大きく違っている。シルバーバックのライフスタイルは「ハーレム」という言葉に集約できる。「自分のもの」である雌たちよりも目方が一〇〇キロ重く、支配力と強さを絵にかいたような存在だ。他者を威圧するこのような巨体と、胸を叩く雄々しい動作から、ヴィルンガの初期の研究者たちは、シルバーバックをこの地域の支配者、ここのゴリラたちのリーダーと考えた。しかしそれほど単純ではなかった。ゴリラの集団にしばしば複数のシルバーバックがいることが今ではわかっており、昔ながらのハーレムふうの観念は適切でない。とくにフォッシーによる調査で有名なゴリラや、インペネトラブル・フォレストの私の調査地点に暮らすゴリラを含む東アフリカのゴリラの群れには、かなり多くの場合シルバーバックが二頭、三頭おり、時には五、六頭いる。シルバーバックが数頭いるゴリラの集団のなかにいるのは、はらはらする体験だ。一八〇キロの巨大なゴリラのけんかに巻き込まれないよう注意しなければならない研究者にとってそうだし、雌や子供のゴリラにとってもそうにちがいない。

今でも、ゴリラは不活発でセロリをむしゃむしゃ食べ、ハーレム的な群れをつくる類人猿のように描かれることがしばしばあるが、アフリカの大部分のゴリラは、長く信じられていたこのような常識とかけ離れている。ゴリラとチンパンジーは食生活、行動様式、つがいシステムがよく似ていることを考えると、同じ森に棲んでいると食料などの資源をめぐってまともに競合するかもしれないと予想される。確かにそういうことが、少なくとも時折は起こる。私たちはインペネトラブル国立公園で、一本の果樹をめぐってチンパンジーとゴリラが争っているのをたまに見たことがある。このような争いでは、体の小さなチンパンジーのほうが勝つようだ。

チンパンジーとゴリラで異なる生態行動の重要な側面の一つは肉食だ。チンパンジーは肉が大好きで、あらゆる機会をとらえて肉を食べる。ときには大量に。一方、ゴリラは野生状態では、たとえ捕まえるのがたやすくてもほかの哺乳動物の肉をまったく食べない。動物園のゴリラは、牛肉と卵など、私たち自身が好んで食べる脂っこい食物の味を覚える。囚われの身である動物の食事について何十年にもわたる研究で得られた情報から、脂っこい食物とゴリラについてたいへん重要なことがわかってきた──そういう食物はゴリラを殺すのだ。米国の動物園では、もうゴリラに動物性脂肪を与えない。牛肉、卵、全乳をわずかな量だけ与えてもゴリラ、とりわけシルバーバックは心臓病の発生率が高くなるという悲劇的な経験から学んだのだ。これはチンパンジーとは際立った対照をなす。チンパンジーは、まともな飼い主に面倒を見てもらえば、ケンタッキーフライドチキンとフライドポテトばかり食べて天寿をまっとうするかもしれない。

私たちは脂肪とコレステロールの害悪に取りつかれている。健康志向の本を何でも拾い読んで、HDLコレステロールとLDLコレステロールの健康に悪い影響とよい影響を整理しようとする。だが私たちヒトという種が、動物性脂肪の有害な影響に対して非常に強い免疫をもっていることを忘れがちだ。何百万年にもわたって私たちの祖先は、中年者の動脈が処理できる限界より何ミリグラムか多くコレステロールをとってしまうことを心配しなくてもよかった。日照り、病気、捕食者のせいで、死なずに中年まで生きのびることは稀だった。今日私たちが食べすぎないよう気をつけている食物は、太古には乏しくて、彼らが食べられるだけ食べても脂肪の取りすぎにならなかったのと同じ食物だ。鳥が巣づくりをする春に鳥の卵をたらふく食べても、次の年まで卵にお目にかかることはなかった。腕前と運に恵まれてシマウマやキリンを倒すことができれば、家族や仲間とともに、歩くのがようやっとになるまで食べた。差し迫った健康上のリスクは心臓病でなく、飢えだった。

肉に敏感な草食動物であるゴリラと、長い肉食の歴史をもつ私たちの違いに、肉食を可能にする遺伝子の突然変異が絡んでいるのはほぼ間違いない。南カリフォルニア大学での同僚である老年学者のケーレブ・フィンチとともに論じてきたことだが、肉は体にいい。少なくとも、私たちが進化史のほとんどの期間に食べていた限られた量なら。チンパンジーがゴリラよりもコレステロールと脂肪の許容量が大きいように、私たちは脂肪の多い食事の有害な影響に抵抗しながら、カロリーと栄養をとる能力が劇的に高い。初期ヒト科の系統のどこかである突然変異がおきて、これで、初期人類は肉で腹を満たすと有利になったのだろう。

「肉に適応した」遺伝子が私たちのゲノムに含まれるというのは、単なる憶測ではない。生命医学の研究者は、コレステロールに対する頑強さと、アルツハイマーのようなそれとは無関係に思われる病気に対する脆弱さの間に相関関係を見出している。自然選択でヒトゲノムに動物性脂肪への高い許容性が組み込まれたのかもしれず、そしてその保護機構をなす遺伝子がアルツハイマーと結びついていたのかもしれないと、研究者は示唆している。先史時代の人々は、アルツハイマーが重大な健康上のリスクとなるほど長生きしなかった。それに大半のアルツハイマー患者は生殖年齢を超えているので、この病気には、これを排除する自然選択の力がほとんど及ばない。皮肉にも、肉の多い食事で生きる先史時代人の能力が、今日何百万の人々から能力を奪っている病気の出現と遺伝的に関連していたかもしれないのだ。


肉とジャガイモ?

今日誰もが、ヒトが現れるうえで肉食が何より重要だったと信じているわけではない。ハーヴァードの人類学者リチャード・ランガムと同僚たちが最近、ジャガイモのような塊茎を食べることがヒトの脳の膨張をもたらしたと主張した。きわめて状況的なものだとしても、説得力のある証拠が二〇〇万年前の化石に見出される。その頃ヒトの脳が、全身にくらべて大きさを急速に増していたことがわかっている。『二〇〇一年　宇宙の旅』のなかで一枚石《モノリス》を見つめる類猿人類《エープヒューマン》に訪れたような「エウレカ（見つけたぞ！）体験」が、初期人類にあったという前提をランガムのグループはおいている。アフリカのサヴァンナでは雷で火事が起こることがよくあり、この地域の植物のなかには、エネルギーを安全な地下に貯えて雷による火事の危険に適応しているものがある。

ハーヴァードの研究者たちは、生活の中心拠点でこれらの食物を調理したことに、ヒトの起原の転換点を見る。雌はこの場所で、大切な塊茎を盗もうとする者からの保護を得るために、特定の雄ときずなを結ぶようになった。このような提携を形づくるうえで雌は性交できる期間を延ばし、つがいの相手をめぐる雄どうしの競争は減ったことだろう。そして極端だった体の大きさの性差は縮まっていっただろう。またその後のホモ・エレクトゥスのようなヒト科の出現が、新たなつがいシステムである一夫一婦制の到来の先触れを告げただろう。

この魅力的な物語で、霊長類のなかではめずらしい私たちの「夫婦のきずな」傾向は説明がつく。しかし塊茎の調理がおこなわれたという前提条件は、憶測でしかない。そういうことはあったかもしれないが、ヒトの進化の同じ時期に肉食がおこなわれた証拠は圧倒的に多い。二〇〇万年前に塊茎がヒトの食事の一部だった確かな証拠がない限り、この話には、いま一つ詰めが不足している。

二ステップの歩み

チンパンジーと初期人類の狩りの間には似た点があるが、大きな違いもある。チンパンジーは狩りで武器を使わないし、あまり大きな獲物は殺さない（一四キロがだいたい限度）。そしてこれがいちばん重要なことだが、チンパンジーは狩猟採集者とは逆に、機会が訪れたときにのみ果物を探したり狩りをしたりする。

肉がタンパク質、脂肪、カロリーの源としてそれほど重要ならば、チンパンジーはなぜ毎朝目覚めると肉を探しに行かないのか。答えはナックルウォークと直立歩行の違いにある。二足動物は肉を探し歩くとき、木の実、ハチミツその他の食物を集めながら土地を何キロも横切ってゆくことができる。二足動物はその日も終わりになって狩りの獲物がついに見つからなければ、長距離行進の途中で集めた果物、昆虫などの食物で腹を満たす。

一方チンパンジーは一日中肉を探して過ごすことはできない。ナックルウォークは、歩き回るやり方として効率が悪いからだ。チンパンジーもヒトも雑食動物で、毎日何を食べるか、それを手に入れるのに時間とエネルギーをどれだけ費やすかについて多くの決定を下す。しかし狩猟採集者は遠くまで広い範囲を効率的に歩く。チンパンジーは果物を探して長い距離をナックルウォークするが、獲物の肉を躍起になって探して見つけられなかったら悲劇だ。直立歩行すれば、この釣り合いは変わる。

四本脚の類人猿から二本脚のヒトに移行するには主要なステップが二つ必要だった。一つ目のステップは、どちらかといえばささやかなものだ。果樹の間を多少よたよた歩きした類人猿は、仲間よりは有利だった。木と木の間を効率的に移動する者は自然選択で有利だったので、類人猿の解剖学的構造は変わりはじめた。また不完全な二足動物は、今日チンパンジーがやっているのとほぼ同じように、二足直立姿勢で、果実をつけて低く垂れ下がっている木の枝に手を届かせることができる。先に触れたブインディのチンパンジーのように木の上でもこのようなことをおこなっただろう。

現れつつあったヒト科は多様な生息環境に棲んでいただろう。短距離歩行はどんな状況でも同じだけ価値があったわけではなかっただろう。地面に近いところ、小さな木、低木の茂みに豊富に果実が実る森林地帯で最も重要だったかもしれない。あるいは森がまばらなところで最も役に立ち、木から木へと移動する仕方を変える強い誘因をもたらしたかもしれない。いずれにせよ、最初期に短距離移動をしていたヒト科は、多様な生息環境に進出して拡がり、適応するにつれて多様化しはじめたことだろう。数千世代のうちに新手《あらて》の生物たちが多様なニッチに拡がり、さまざまな種類の二足歩行を試みただろう。そのなかには、私たちがすでに発見して研究しているものもある。他方で多くの生物の化石化した遺物が、まだ地中に埋まったまま陽の目を見る日を待っている。さらに多くの生物は、地球上に自分が存在していた痕跡をなにも残さず消え去ってしまったかもしれない。

こういうわけで、およそ七〇〇万年から八〇〇万年前頃のアフリカの森と草原には類人猿と生まれつつあるヒト科動物が棲みついていた。二足歩行を可能にする数多くの形と構造の動物が見られた。おそらく、あまり多く歩く必要のないよく茂った森に適応した二足動物もいれば、鬱蒼とした森ではないがほどほどに木が生えているところで、いつでも即座に木に登って逃げられる地面を歩くのに適応したものもいただろう。さらに、木がまばらな平原に適応した二足動物もいた。五〇〇万年〜六〇〇万年前頃に気候変化によって東アフリカで森林の面積が減り草原が拡がっていくなかで、この最後のグループが数を増していった。この初期のヒト科は、さらに遠くまで歩くようになった。世代ごとにその解剖学的構造は新たな行動を反映して変わっていった。何千世代かを経て、よたよたした歩き方や短距離歩行は、効率的な二足歩行へと取って代わられていった。今日化石によってアウストラロピテクス・アファレンシス、アウストラロピテクス・アナメンシス、ケニアントロプスとして確認されるヒト科動物が出現したのだ。

これで第二のステップの舞台が整った。ヒト科がさらに遠くまで果物などの植物性の食物を探しに行くようになるにつれて、解剖学的構造は、まさに理論家たちが長く信じてきたような形で変化した。効率的な長距離歩行によるエネルギー節約こそ、環境が森の広がりから草原の広がりへと変わってゆくなかで、初期のヒト科が必要としていたものだ。東アフリカ全体に、森と草原がモザイクをなす環境がひろがってゆき、そこに多様なヒト科が暮らすようになって、そのうちから、さらに開けた土地を広範に利用しはじめる種もあった。

もっと開けた土地で長距離歩行ができるほど歩行効率の水準が高まると、ヒト科動物は、親戚の類人猿たちにはできないことができるようになっただろう。それは肉を探すことだ。すでに見たように、死肉あさりや狩りをするには獲物を求めて歩き回る必要があり、それにはエネルギーをたくさん費やさなければならない。しかし、肉探しをおこないながら世代を重ねるうちに、解剖学的構造は二足歩行に合うよう改良されていった。ヒトの起原に関する現行のたいていの理論に反して、進歩した二足動物が出現してくる間にも、ほかの種類の二足動物は枝を引き寄せ、木から木へと不器用な二足歩行して、森のなかで何とか生き延びていた。ティム・ホワイトが見つけた原始的なヒト科のアルディピテクス・ラミドゥスは、そのような「劣った二足動物」タイプの前人類の初期の変種で、やがて滅びてしまう生物の一つだったかもしれない。

しかし、小さな獲物動物は草原だけでなく森でも手に入る。ヒトはサヴァンナに出て行ったとき、なぜ肉を好んで食べたのだったろうか。森の哺乳動物は孤立し、きわめてひそやかに生活する傾向がある。草原では、あらゆる大きさと形の有蹄類の哺乳動物が群れをつくって暮らしている。こうした動物は出産してそこらじゅうに子供を残すので、その一帯は、いつどこで獲物を探せばいいか知っている生物にとって、わけなく利用できる食料源となる。

初期の二足動物は、肉の源として最も重要な動物に対しては、ただ眺めていることしかできなかった。ガゼルやシマウマを仕留めるには武器か集団の連携か、どちらかが必要だ。しかし初期ヒト科も、小さな動物は数多く捕まえただろう。おまけに死肉あさりもやった。基本的に果物、葉っぱ、小動物からなる食事に加えて、大きな動物の死肉も食べ、これが大きな違いをもたらした。大型で分割できる獲物が知能の進化の鍵となり、効率的な歩行が、そうした獲物を探し回るうえでの鍵となった。三〇〇万年前ころには、食料探しのエネルギー収支と食事のバランスは根本的に変わりはじめていた。ヒト科動物は、ライオンが仕留めた獲物から、道具を振るってライオンを追い払うことができるようになった。二〇〇万年前頃には、脳は本当に人間らしい寸法に近づいてきた。それだけではない。体の大きさからその性差まで、今日まで影響が尾をひいている変化が起こりはじめた。

二足歩行の効率が高まってゆくこの動物の食生活に、肉食が定着すると、それは食事、知能、行動というフィードバックのループで鍵となった。類人猿が、体と脳の大きさをチンパンジーに近い大きさからヒトらしい大きさまで引き上げることができたのは、肉の多い食事に切り換えた結果として幸運にもエネルギー収支が改善されたおかげだと、カリフォルニア大学バークレー校の人類学者キャサリン・ミルトンは指摘している。肉を多く食べるようになった結果として食事の質が高まるまでは、私たちの祖先は、ちょうどいい植物性の食物の組み合わせを探し求めるのに時間とエネルギーをあまりに多く注ぎ込んでいて、人間社会に、またおそらく人間以前の社会にも存在した水準の社会的な複雑さを生じさせることができなかった。ミルトンが正しければ、ヒトの進化にあたって、私たちが直立姿勢に移行したあとの第二ステップで鍵となった出来事は、肉が原因で起こったことになる。すなわち知能の出現だ。もし直立歩行によって広範囲で肉を探せるようになったとすれば、そこからさまざまな変化が連鎖的に起こりうるようになった。

ニューメキシコ大学のヒラード・カプランと同僚たちは進化論を使って、ヒトの子育てと類人猿の子育ての違いを説明している。肉は誰もが欲しがる栄養豊富な食物だが、手に入れにくいので、大人は子供を次世代のハンターに育て上げるのに年月を費やさなければならない。そうカプランは論じる。狩りを覚えるには時間がかかる。オオカミやライオンの母親は、子供が自分の食べる獲物を捕まえることができるようになるまで何か月も仕込む。ヒトの子供は、さらにずっと長く修業を積まなければならない。

ヒトが子育てに費やす期間がやたらに長いのはなぜか、これで説明がつくとカプランは考える。腕の立つ狩人は何十年にもわたって、獲物の多い年も少ない年も、自分自身と家族の食い扶持をまかなう。だから他の霊長類とくらべて、ヒトの一生が長く延び、そのなかで大人になるのが何年も遅れるのは、子供を肉食文化の生産的な一員に育て上げるのに、時間とエネルギーをつぎこむ必要があった結果かもしれない。狩猟採集者の子供が大人に成長するにつれて、日々持ち帰ってくる肉は着実に増えていく。最終的に、伝統社会の人々はチンパンジーよりはるかに多くの獲物を捕まえるようになる。

私たちの脳容量は数百万年にわたってじわじわと増えつづけ、それからかなり唐突に、急膨張しはじめた。人類学者のなかには、二〇〇万年足らず前に決定的に重要な前進があったと考える者もいる。類人猿に似たアウストラロピテクス属の猿人たちが、アフリカを最初期の人類に明け渡しはじめたときだ。しかし最近の研究では脳の大膨張が起きたのはずっと遅れて、たかだか二五万年前から三〇万年前のことととされている。ジョージ・ワシントン大学の古人類学者バーナード・ウッドは、この最近の膨張が起こるまで、脳容量は体全体の大きさの増大と比例して増えていたにすぎないと説得力のある議論をしている。最新のヒトの種である現生人類の初期段階で、はじめて脳容量が膨張を加速して、体の大きさより高い比率で増大するようになったとウッドは指摘する。この結論が正しければ、脳容量がなぜ大きくなったのかだけでなく、三〇万年前に何が起きてこの急速な膨張が始まったのかも説明しなければならない。

8

よりよい二足動物

一九八四年、ペンシルヴァニア州立大学の古人類学者アラン・ウォーカー、ケニア国立博物館のミーヴ・リーキーとリチャード・リーキー、ケニアの伝説的な化石ハンター、カモヤ・キメウがケニアの埃っぽい土に埋まっていたものを劇的に発見した。太古の干上がった水溜まりからヒト科の骨格が露出していたのだ。ヒトの化石の発見は世間を騒がせるものでも、砕けた骨片がほんのいくつか見つかるに過ぎないのが普通だが、これはそんなものではなかった。骨格なのだ。窪地の岸からひとかけらずつ骨を取り除くうちに、ウォーカーらは次第に事態を理解するようになった。自分たちが掘り出しているのは、一〇年前に発見されて大いに騒がれたルーシーよりも完全に近いもの、それまでに見つかった最も完全に近い初期人類の遺物なのだ。しかもそれだけではなかった。この標本は明らかに、どのアウストラロピテクス属の猿人よりもずっと現代的だった。骨格は一〇代のホモ・エレクトゥスの男の子のものだった。死因はわかっていない。病気かもしれないし餓死かもしれない。若くして命を落としたその原人は池のふちにうつぶせに倒れ、その遺体のほぼ全体が、一五〇万年間以上もそこに埋まっていた。「ナリオコトメ・ボーイ」と名づけられたこの化石は、とてつもなく重要だった。完全で新しかったので、ウォーカーは、この男の子が早すぎる死を迎えていなかったらどのように成長していたかを推測できたからだ。死んだとき一三歳くらいだったと推測されるこの男の子は、現生人類のティーンエージャーと同じように成長していたとすると、手足の長さが現代的であるひょろりとした一八〇センチの大人になっていただろう。

これは驚くべき発見だった。人類は二〇〇万年前のかなり類人猿に近い初期ヒト（ホモ）属から、わずか数万世代ののちには現代的な堂々たる体格の持ち主に進化していたというのだ。この短い期間に何か重要なことが起きて、祖先が現代的な体型になったにちがいない。ジョージ・ワシントン大学のバーナード・ウッドとマーク・コラードは、ホモ・エレクトゥスより原始的なヒト科は、ホモ・ハビリスも含めすべて、アウストラロピテクス属に入れるべきだと指摘している。一五〇万年から二〇〇万年前頃の人類の最新の化石に照らしてみると、ホモ・ハビリスもその近縁の生物も、ホモ・エレクトゥスよりずっと類人猿に似ているように見えるからだ。ナリオコトメのようなホモ・エレクトゥスの脳はアウストラロピテクス属の脳より数百立方センチ大きいが、その差はおもにホモ・エレクトゥスのほうが体が大きかった結果にすぎなかった。だから、現生人類にとって根本的な意味をもつ脳の膨張は、最も原始的な形のホモ・サピエンスが登場するとともに、体の大きさの増大から分離して、指数関数的に進みはじめたようだ。

この現代化の時期に二足歩行の性格に変化があったのだろうか。ずっと前に、現れつつあったヒト科がさまざまな形の二足歩行によって広範な生態学的ニッチを占め、それから長い年月が過ぎたあと、もっと効率的な歩き方が現れ、それによってヒトは決定的に重要な食料である肉を手に入れることができるようになった。しかし歩行はなぜ、どのように、世代が移り行くにつれて現代的になっていったのか。私たちの祖先が大きな獲物を狩るようになったからか。そうだとすれば、それはいつのことか。ことによると、能力の高い死肉あさりの動物になったのだろうか。もしアウストラロピテクス属の猿人たちが、チンパンジーよりも手の込んだ文化的な新機軸とか、もっとましな道具をもっていたとしても、それでも多少とも直立したチンパンジーのようなものだったとすれば、最初の本当にヒトらしいヒトは、さらにずっとあとまで現れなかったことになる。それとも実際に現れたのだろうか。この点を評価するには、初期人類が二〇〇万年前から今日までの間に、どんな形をとってきたか検討しなければならない。

ホモ・エレクトゥスなどの初期人類や、ネアンデルタールのような古い形のホモ・サピエンスについての認識は、化石に関する科学の歴史のうえで振り子のように揺れてきた。科学者は、ときにはホモ・エレクトゥスをほとんど完全なヒト、太古の狩猟採集者のように言ったり、ときにはゲジゲジ眉毛の猿人と大差ないものとして描いたりした。真実がその間のどこかにあるのは間違いない。ホモ・エレクトゥスはおよそ一八〇万年前から三〇万年前まで、旧世界に棲んでいた。まずアフリカに、そしてのちにインドネシアの森からスペインの平野まで旧世界全体に拡がった。

ホモ・エレクトゥスは疑問の余地なく生肉をたくさん消費し、狩りのときに使う有効な武器を必要としていた。ホモ・エレクトゥスが最も好んで用いた道具はハンド・アクス（握斧）だ。荒削りな石器で、たいてい涙の粒のような形をしている。石から剥片を削り落としてつくったもので、ナイフのような先細りになった刃があった。削られていない端は、この道具を用いた者の手のひらに収まったのかもしれない。ホモ・エレクトゥスの考古学的遺跡のうちには、私たちの身の回りにペンや紙がたくさんあるのと同じように握斧が豊富な場所もある。

ホモ・エレクトゥスが用いた道具としては、ほかにスクレーパー（削り器）とクリーヴァー（打ち割り器）があった。これらは当時の人類にとって今日の家電製品のようなものだった。握斧が一〇〇万年近くにわたってほとんど同じ形で用いられつづけたことを、古生物学者は見いだしている。私たちよりずっと脳が小さい人類が五万世代にわたって、デザインをあまり変えずに同じ原始的な石器を使いつづけたことを考えてみよう。電子玩具が六ヵ月ごとに変わる今日の世界では、こんなことは想像しがたい。厳しい環境では保守的態度が価値をもつことの、見事で単純な証言かもしれない。

ホモ・エレクトゥスは石斧で何をしたのだろうか。こうした道具は荒っぽく削られた大きなものだが、これを使ってアンテロープを殺したのか、殺した獲物の体をさばいたのか、敵を殺したのか、そうしたことはわからない。あるいは私たちが円盤のこぎりでやるように木を切ったのかもしれない（岩を削って刃の長いのこぎりをつくるのはむずかしいので、刃の丸い円板のこぎりをつくったのかもしれない。そうだとすると、ある部分がぼろぼろになってしまうと鋭い部分に移ったのだろう）。最近マドリード大学のマヌエル・ドミンゲス＝ロドリゴ率いる研究チームが、太古の握斧の刃に結晶化した植物細胞の痕跡を見つけた。この研究者たちにとって、石器の刃に植物細胞が付いていることが意味するのはただ一つ。ホモ・エレクトゥスは握斧を使って木の槍を研いだのだ。もしこれが正解であれば、ホモ・エレクトゥスは単に死肉をあさっただけでなく、有能な狩人だった証拠が見つかったことになる。

アウストラロピテクス・アフリカヌスの一群が寝所だった木を離れて食糧探しに出かけるところ。

ホモ・エレクトゥスが一〇〇万年にわたって、これといった改良も加えずに同じ道具を使いつづけたからといって勘違いしてはいけない。今日の狩猟採集民はごく単純な道具や武器を用いて、大きな獲物の狩りを効率的にやっている。ホモ・エレクトゥスがおおかたの研究者が考えるような認知能力を備えていたとすれば、連携のための音声言語か身振り言語を用いて、協力しあって狩りをしただろう。そして、さまざまの細部を覚えなければならない大もの狙いのハンターであっただろう。最も獲物を見つけやすい場所、群れの移動パターン、多様な動物に忍び寄って殺す術。ライオンなどの捕食者がやってくるのは間違いないので、こうした狩人はその前に手早く死骸をさばかなければならない。そしてこうした人々は、こうした仕事すべてで協力することができ、またそうしなければならない複雑な社会で暮していた。

ペンシルヴァニア州立大学のパット・シップマンとアラン・ウォーカーは、ホモ・エレクトゥスは、こうした仕事をすべてこなすことのできた最初の祖先人類だったと考えている。アウストラロピテクス属の猿人の脳は五〇〇から六〇〇立方センチという大きさなのに、ホモ・エレクトゥスでは一〇〇〇立方センチ近くまで脳容量が増大していることを両研究者は指摘する。しかしすでに見たように、脳の急速な膨張と大型動物の狩りの起原を、ずっと遅れて二五万年前ほどだとする人類学者もいる。ヒトの進化に関する研究の振り子運動のなかで、ホモ・エレクトゥスは最近また押し戻された。研究者の国際チームが、ホモ・エレクトゥスに見られる歯の萌出のパターンに関するデータを発表した。それによると、その成長・発達パターンは現生人類より類人猿に似ていたという。

ホモ・エレクトゥスがどのように暮らして肉を手に入れたかを示す証拠がこれだけあるにもかかわら

ず、その直立歩行が祖先の歩きかたとどう違っていたかについては、あまり情報がない。アラン・ウォーカーのナリオコトメ・ボーイは最高の証拠だ。これはきわめて効率のいい二足動物だった。アウストラロピテクスよりはるかに進んでいただけでなく、ことによると今日のマラソン選手よりも効率的だったかもしれない。腰が細くて大腿骨の頸部が長く、今日のどんなランナーよりも垂直方向に狭い面積でバランスを保つことができた。細い腰をもつことが可能だったのは、現生人類の女性がしているあることをホモ・エレクトゥスはしなくてよかったからだ。それは、大きな頭をした赤ん坊を押して産道のなかを進ませることである。だが細い腰はホモ・エレクトゥスの直立生活を、文字どおりにも比喩的にも不安定にしなかっただろうか。ウォーカーの教え子で、今はミズーリ大学にいるキャロル・ウォードとクリーヴランド自然史博物館のブルース・ラティマーが、ナリオコトメ・ボーイの脊椎を研究した。ナリオコトメはヒトの化石のなかで最も脊椎が完全に近く、ウォードとラティマーにとって貴重な研究材料だった。

またナリオコトメ・ボーイの背骨には現生人類との興味深い違いが二つあった。まず、背中の下部に腰椎骨が一つ余分にあった。これは初期ヒト科の背骨に原始的な条件が残っていることの反映であるように思われた。のちに脊椎骨の数が六個から五個に減ったのは、植物ばかり食べる生活から肉と植物の組み合わせへとヒトの食生活が変化したことと関係していたかもしれない。これで上半身のうち腹部に充てなければならない部分が小さくなった。

第二に、私たちの背骨より表面積が小さく、したがって重さを支える力が小さかった。こうした点でナリオコトメ・ボーイは、やや現代的でない二足動物だった。この二つの条件からアラン・ウォーカーと同僚たちは、ホモ・エレクトゥスは、大きな獲物の狩りに必要な長距離走行や歩行、忍び寄りができるほど効率的な二足動物ではなかったかもしれないと考えた。

それからスポアと同僚たちが背骨から耳に目を移した。ヒトの起原についての手がかりを内耳に探し求めるというのは奇妙に思われるかもしれないが、内耳の三半規官に関する研究の先駆者であるロンドンのユニヴァーシティ・カレッジのフレッド・スポアの考えは違っていた。この器官はバランス調節を助ける。内耳の前庭系はやわらかい組織でできているが、コイル状の組織からなる固い殻に包まれた迷路に収まっている。こうした組織は化石化し、そのなかに三半規官も含まれる。スポアは、コンピューターで作成したスキャニング像を使い、さまざまな霊長類その他の動物について、骨でできた内耳迷路を研究した。スポアの関心は、四足歩行から二足歩行への移行に体の平衡を保つシステムの変化がともなっていたかどうかにあった。

スポアの得た結果によると、ホモ・エレクトゥスの前庭系はこれに先立つヒト科の種のどれよりも発達していた。これは、二足歩行の起原を研究している研究者すべてを興奮させるニュースだった。ホモ・エレクトゥスがそれ以前のどんな人類よりも現代的な歩き方をしたという主張を裏づけるものだった。またこのことから、それより以前の人類は現代的な意味で二足歩行しなかったと推測される。それができるほど発達した前庭システムを得ていなかったからだ。この結果は、ホモ・エレクトゥスは多くの点で最初の現代的な二足歩行する人類だったという主張の強い根拠となる。

ホモ・エレクトゥスが言葉を話せたかどうかを示す確かな証拠は存在しないが、脳容量と道具使用能力から見て、進んだ形の言語をもっていたのはほぼ間違いないだろう。その言語が身振り言語——手話

――だったか、音声言語だったかはわからない。ウォーカーのチームは、少なくとも現代的な形の音声言語はもっていなかったのではないかと考えている。ウォーカーと同僚たちはその証拠として、ナリオコトメ・ボーイの脊椎の断面積が現生人類より小さいことを挙げる。これは、脊髄が現生人類のそれほど効率的には運動制御の機能を果たさなかったということだ。これは不思議だった。哺乳類は通常、運動制御系統を働かせるために豊かな神経分布を必要としているから、道具を使う器用な手をもった効率的な二足動物であるホモ・エレクトゥスのような生物は、進んだ運動制御系統を具えていたはずだ。ところがそうではなかった。生物学者のアン・マクラーノンによる解剖学的研究を利用して、ウォーカーと同僚たちは、ナリオコトメ・ボーイは現生人類よりも脊髄を通る神経経路が少なく、したがって原始的な形の言語しかもっていなかったかもしれないと推測したのだ。

前に述べたように、直立歩行が及ぼした多くの波及効果の一つとして、呼吸運動と足運びが切り離されたことがあった。これは進化での大きな前進、音声言語の革新を可能にした前進だったかもしれない。私たちの祖先がそこではじめて、呼吸のペースを変化させて言語の音声をつくることができたからだ。そして現生の人類ではホモ・エレクトゥスよりもずっと多く神経が配給されている理由は、言葉を話せるように呼吸の制御を高める必要があったことかもしれないとウォーカーは示唆する。そう考えると、ホモ・エレクトゥスで胸腔への神経配給が少ないのはなぜか、説明がつく。腕と脚を精密に制御する必要はあったが、横隔膜と胸廓については私たちと同じように用いる必要がなかった。

言語の起原についてはあまりわかっていない。話すことにかかわる体の組織は化石にならないので、祖先のうちどれがはじめて言葉を話したのかは推測するしかない。大型類人猿も子供の頃から仕込まれると身振り言語を使えるようになるが、同じように、ホモ・エレクトゥスを含めて初期のヒト科は、高度な手話で意思疎通を図ったかもしれない。

ネアンデルタール人――たしかに人類

ネアンデルタール人というレッテルは数十年前に嘲笑的な意味合いを帯びるようになった。よくて粗野、ひどい場合には愚かさを意味した。だがネアンデルタール人を野蛮な洞窟人として描くのは、未来の人類が今日の私たちをそのようなものとして描くのに劣らず見当はずれだ。ドイツのデュッセルドルフに近いネアンデル渓谷で鉱山労働者が発見した最初の標本は、一八五〇年代に世間に知られるようになった。これをどう考えたらいいのか、誰にもわからなかった。おおかたの専門家は、今日のヨーロッパ人の祖先に野蛮人がいた証拠と見なした。ネアンデルタール人の役割は、時がたつにつれてわからなくなっていった。

一九〇八年にフランス南西部のラ・シャペル＝オー＝サンというところで新たなネアンデルタール人が見つかった。その骨格はほぼ完全で、胎児の姿勢で横たわっていた。動物の骨の断片とフリント（火打ち石）の道具が遺体のまわりに散らばっていた。フランスの解剖学者マルセル・ブールがこの骨格を受け取って、長々と分析をおこない、自分の研究結果について、いっそう長ったらしい本を出版した。この生物は知能の低い野獣だったし、ことによると完全に直立もしていなかったかもしれないとブールは結論づけた。率直に言ってブールの分析はひどかった。このネアンデルタール人が関節炎のせいでとっていた前屈みの姿勢を、生まれつきの原始的な姿勢と取り違え、この考えに基づいて、この生物を知恵の乏しい野獣と見なした。さらにブールと同僚たちにとって、初期人類は当然きわめて原始的だったという当時の思考様式から逃れるのがむずかしかったのは疑いない。この誤りの皮肉な点は、この個体は実際には年老いて虚弱で、そのような個体は仲間が面倒を見てくれる社会でしか生き延びられなかったのだから、そのような社会をつくったことは高度な知能を備えていた確かなしるしであったということだ。

ネアンデルタール人は現生人類に近い人類の一種で、一〇万年以上(ことによると三〇万年)から三万年前まで旧世界に棲んでいた。見つかった場所の異なる三個体のネアンデルタール人から抽出したDNAに基づく最新の証拠によると、この種は、同じ頃に現れつつあった完全に現代的な人類と遺伝的には大きな違いがあった。科学者はネアンデルタール人の化石を現生人類と区別するために注意深く調べなければならなかった。違いは微妙だった。長めで平たい頭蓋、突き出した顔面、盛り上がった眉、突き出たあご、今日のスカンジナヴィア人を彷彿とさせる骨太の体格。ネアンデルタール人の脳は、頭蓋が大きかったおかげで、実は平均して現生人類より大きかった。

一九六〇年代にイラク北部でシャニダール洞窟が見つかった。ネアンデルタール人の遺体が何体か埋まっていて、肌が染められ、花が添えてあり、儀礼によって埋葬されたように見える。これで科学はネアンデルタール人を人間化する方向に進みはじめた。しかしホモ・エレクトゥスの場合と同じく、ネアンデルタール人についても振り子が振れる。ネアンデルタール人についての世界的権威の一人、ミズーリ州セントルイスにあるワシントン大学のエリック・トリンカウスが、ネアンデルタール人の骨盤を分析して、ネアンデルタール人の女性の妊娠期間は現代のように九ヵ月でなく、一年近くだと結論づけた。

だがトリンカウスは、ネアンデルタール人の体が歩き方にとってどんな影響を及ぼしたかにも興味があった。ネアンデルタール人の頑丈な下半身に、移動効率が低かった証拠を見て取った。トリンカウスの発見は、考古学者のルイス・ビンフォードの仕事で裏づけられた。ビンフォードは一九七〇年代から八〇年代に多くの化石発掘現場を再検討して、ネアンデルタール人が狩りをした証拠と思われたものは、実はしばしば自然現象の産物であることを明らかにした。ビンフォードがヒト科の骨に見つけた切り傷は肉食動物の歯によってできたもので、勇敢なヒト科が獲物を仕留めたという観念が誤っていることを示していた。ネアンデルタール人は、ほかの肉食動物が殺した動物の死骸を持ち去った可能性のほうが大きいとビンフォードは言った。また骨の集積は、人手によるものである可能性におとらず、水と風による自然の作用のなせる業である可能性があった。

ネアンデルタール人は狩りの効率が低くて手際が悪く、そこらをさまよい歩いて当てもなく大きな獲物を探し、知能の乏しさを腕力で埋め合わせたにちがいないと、トリンカウスもビンフォードも主張した。両研究者によると、ネアンデルタール人は言語をもたなかっただけでなく、狩りを連携のもとでおこなうのに必要な認知能力もなかった。

この考えがまったくの誤りであることは、ほぼ間違いない。類人猿もオオカミもハナマルバチも等しく、目印となるものを記憶する能力を用いて効率的に食料探しをする。この記憶力は、原始的なヒト科でもはるかに大きな規模で備わっていたことだろう。ネアンデルタール人は強力な脚だけを用いて、シカの群れに出逢うことを期待して、どんどん遠くまで歩いていったというのは妄想だ。多くの人類学者による研究から、そうでないことが明らかになっている。ミシガン大学のジョン・スペースはネアンデルタール人は集団で狩りをし、氷河期のヨーロッパとアジアで最大の最も危険な動物たちをも仕留めることができた凄腕の狩人だったと見る。スペースは、世界で最も重要なネアンデルタール人の遺跡の一つであるイスラエルのケバラ洞窟でその証拠を集めた。ネアンデルタール人はある季節にここで暮らし、巧みにアンテロープを捕まえた。子供と病気の動物は殺さなかった。獲物の健康状態に関心をもち、病気の動物や子供のほうが捕まえやすかったにもかかわらず、健康な成体を捕まえようとした。この選択性はヒトの特徴であり、ネアンデルタール人が「知恵の乏しい」存在だったら示すはずのない性質だ。ネアンデルタール人は仕留めた獲物を洞窟で調理し、食べ残しを洞窟の壁のわきに捨てた。

アリゾナ大学の考古学者メアリー・スタイナーも重要な研究をおこなっている。地中海のネアンデルタール人は健康な成体の獲物を殺して食べたという結果をスタイナーは得た。この結果も、死肉あさりでなく狩りが普通だったことを示唆していた。ヒトだけが日常的に健康な成体の獲物を狙って狩りをする。健康な成体は、子供や病気の動物より脂肪の源として概して優れている。スタイナーの仕事から、太古のヨーロッパの人類は、解剖学的に現生人類的なものとネアンデルタール人の両方とも、生きるために死肉あさりと狩りをしたこと、それもたいへん効率よくおこなったことが明らかになった。

ネアンデルタール人は現生人類と同じ種で、私たちと人種が異なるだけだったのか。化石の専門家はその見方を斥ける。しかし解剖学的な現代性を判断するのに最も広く当てはめられている基準を用いれば、オーストラリアのアボリジニは眉上部分の隆起から現生人類とは考えられないかもしれないと指摘する研究者もいる。これも、さまざまな人類形態に名前を割り当てることの恣意性を示しているにすぎない。

移民の道

何日も歩きつづけた。時には木の実や植物を集めた。また時には狩りをしたり肉を見つけたりした。歩くことは第二の天性であり、その長い脚で、現生人類が歩いたことのない領域にも踏み込んだ。草におおわれた広い谷を横切り、ごつごつした丘を越え、蛇行する川を渡って歩いた。あたりは熱帯の草原から、季節によっては寒くなる森の拡がる環境へと次第に変わっていき、それから乾燥地帯になった。時には一か所に何ヵ月も、それどころか何年もとどまることもあった。地中海にたどりついた頃までに、旅がはじまったときにはまだ生まれていなかった世代が存在していた。旅をするうちに、行く先々の環境に食事、衣服、文化を適応させていった。行動のうちでも何より人間らしいこと――状況に対応することをやったのだ。

近い過去のある時点で、私たちの祖先は、長距離を効率的に歩く能力でアフリカからほかの地域に移住することができた。やがて現生人類のある世代が地中海の東端にたどりつき、中東に入った。そこから子孫はユーラシア、ヨーロッパに広がり、東を目指した。人間は、ある日突然立ち上がってアフリカを去るべき時がきたと判断したわけではなかった。むしろ移住は波状をなして進んだのであり、当時そこで見ていたとしても、大量移動は見られなかったかもしれない。年にわずか数マイルずつ進んで、揺籃の地である赤道地帯以外の地域にたちまち住み着いていった。

この移住が正確にいつはじまったのかは激しい論争の的となっている。一九八〇年代終わりまで、ホモ・エレクトゥスがはじめてアフリカを離れたのはおよそ一〇〇万年前と考えられていた。効率の高い二足歩行が発達し手で使う道具が出現してから、ほかの地域に達するのに必要な長距離歩行の能力をようやく具えるようになったと考えられていたのだ。この最初の移住者はホモ・サピエンスであるはずはなかった。あらゆる証拠が、解剖学的に現生人類と変わらない人類が誕生したのは三万五〇〇〇年前から四万年前であることを示していたのだ。その後に南アフリカと中東から新たな証拠が出てきて、完全に現生人類と同じ姿をした人類が現れたのはおよそ一〇万年前であると判明した。そして二〇〇三年はじめ、一五万年前のものと推定される現生人類の骨格が東北アフリカで発見されたと発表されて、起原の年代はさらにさかのぼった。

私たちの種が出現した年代がますます古くなってきたとしても、アフリカ大陸を離れた最初の人類は私たちではなかった。いくつかの研究チームが、アジア――インドネシアから中国まで――でヒトの化石が見つかったと報告しているが、私たちの種が一〇〇万年前にアフリカから移住したという考えは、一九九九年にドマニシで発見されたヒトの遺物とぴったり合った。ドマニシはグルジアの首都トビリシから南西八〇キロほどのところにある村で、川が二本に分かれるところに中世の城の廃墟がある。城はユーラシアで最も重要な考古学的遺跡の一つの上、またこの地域で初期人類の発見された最も重要な場所に建っている。

ドマニシの発掘で、少なくとも四体の初期人類の遺物と石器数千点、およびこの集団が食べたと思われる太古のシカ、キリンなどの動物の遺物が出てきた。ドマニシの化石は、その年代をめぐってたいへんな興奮と論争をかき立てた。一七〇万年前にさかのぼるドマニシのヒト科は、これまでにヨーロッパ大陸で見つかったヒトの遺物のなかで飛びぬけて古く、ことによるとアフリカを離れたとわかっている最初の人類集団かもしれない。

　ドマニシ原人は、一六〇万年前にアフリカにはじめて現れたホモ・エレクトゥスの変種——ナリオコトメ・ボーイ——に似ている。脳がたいへん小さく、その大きさはルーシーと現生人類の中間くらいで、ヨーロッパで見つかっているのちのホモ・エレクトゥスの標本より小さかった。またナリオコトメ・ボーイより背が低く、やせていた。道具は、のちのホモ・エレクトゥスの手斧でなく、もっと荒削りなチョッピング・ツール（打ち欠き石器）だった。

　ドマニシ人は、アフリカにいた祖先とヨーロッパや極東に棲んでいた子孫をつなぐ完璧なミッシング・リンクだった。ドマニシのホモ・エレクトゥスと、それ以前のアフリカ、北京、インドネシアのホモ・エレクトゥスを同じ種と呼ぶべきかどうかをめぐって、化石の専門家は熱い論争を繰り広げている。このような論争は過去二〇〇年、化石人類の研究につきまとってきた。

　二〇〇一年四月に米国自然人類学会の年次総会の部会で、種の問題が論じられた（この総会の標語は「私たちの唇を読んで。もう分類群《タクサ》は増やさないぞ」だった）［ブッシュ元大統領が“Read my lips, no new taxes”「私が言う口もとを見なさい。もう税金《タクスィズ》は増やさないぞ」と言ったせりふのもじり］。ドマニシの化石はのちのアジアのホモ・エレクトゥスよりも初期のアフリカのホモ・エレクトゥスにずっとよく似ているが、この数種類の変種を正式な種に分けるという考えに、おおかたの専門家は渋い顔をする。時がたち、移住の波が拡がるにつれて、集団どうしは孤立するようになり、突然変異の蓄積よって違いがふえてゆくと専門家たちは考えている。だがどの時点までくると新たな種として識別できるのかという問題には、まだ答えが出ていない。

ドマニシで見つかったもののもつ意味は、類人猿に似た霊長類の初期二足動物から大きな脳をもつ長距離歩行者になってきた私たちの祖先の進化を理解するうえで、たいへん重要だ。現生人類がもつ特徴を数多くもっていた最初のヒトの種であるホモ・エレクトゥスは、二〇〇万年足らず前に東アフリカに現れたことがわかっている。それからまもなく、ホモ・エレクトゥスはアフリカからレヴァントに移住しはじめた。アフリカとユーラシアをつなぐ肥沃な土地だ。ドマニシのヒト科動物が告げているのは、こうした移住者がたちまちヨーロッパにたどりつき、そこで食物連鎖の頂点に立ったことだ。

この移住は、これほど急速に広範囲に及んだのだから、何か新しい革新によって可能になったにちがいない。それが何だったかはまだわからない。ホモ・エレクトゥスは、手斧を発明すると、新たな資源を利用して肉食生活の質を高めて旧世界に首尾よく拡がることができたと科学者はずっと考えてきた。しかし原始的な道具をともなっていたドマニシ原人の化石は、そうでないことを示している。この動物はそれ以前の人類より脳が大きかったが、新たに獲得した何らかの知的能力のおかげで、長い距離と多様な環境を通って移動することができたのだろうか。主流の見方では、どんな新しい認知能力にもまして急速な拡散の鍵となったのは、大きな体だったかもしれない。動物は体が大きいとそれだけ行動範囲が広く、一年中を通して毎日遠くまで行く傾向がある。人体はおよそ二〇〇万年前から大きさを増しはじめ、それにつれてホモ・エレクトゥスとその変種たちは、獲物など食物を求めてさらに多くの土地をさらに達者に歩き回るようになったかもしれない。そうだとすれば、このさまよい歩く習慣は、のちの移住傾向の土台になったことだろう。この考えが正しければ、やはり脳容量でなく直立歩行が人類の地球征服の鍵だったことになる。

二〇〇二年夏、私は北京の国際会議の最終日に出席していた。うだるような熱波のせいで出席者は全員、会場となったホテルの冷房のきいたロビーに集まっていた。そこで何人かが、北京原人の洞窟を訪れた話をしているのが耳に入った。人類学者としての私は、有名な北京原人の化石については何でも知っていた。毎年秋にヒトの進化に関する講義でこの化石群のことを学生に教えていた。だが、化石が出た場所が北京の中心部からこんなに簡単に行けるところとは思ってもみなかった。私は会議の終わりを待たずにタクシーに飛び乗り、市街から三二キロ離れた小さな町、周口店に向かった。この考古学の遺跡は、もともと丘の上に掘られた採石場だった。一九二〇年代末ころ、そこから保存状態のいい初期人類の頭骨が掘り出された。今日、周口店は見事に復元されたユネスコの世界文化遺産で、素晴らしい小さな博物館と多数の洞窟があって、見学者は少数である。

地点1は、谷の底からアーチ形に上に延びている洞窟だ。ここは、数え切れない世代にわたってホモ・エレクトゥスの家族の住まいになっていた。かつての採掘作業で大きく変わってしまったが、四〇万年前にここに立って、ゲジゲジ眉毛の人々がその日の獲物や子供を腕に抱えて、そろりそろりと出入りするのを見ることを想像できた。この人々は、ドマニシに住んでいた人類の六万世代のちの子孫だった。東アジアの果てにたどりつき、そこに住み着いたのだ。

周口店の化石は、それにまつわる物語のせいでなおさら注目に値する。一九二一年にスウェーデンの地質学者がここで動物の骨とヒトの歯を見つけた。ここは伝統的な薬に使われる「竜骨」が見つかる場所として、近辺で有名だった。中国地質調査局の学者、裴《はい》文中がここを考古学的発掘現場として開発し、一九二九年に洞窟の一つでヒトの頭骨を発見した。これはすばらしい発見だと裴は北京で科学者たちに報告した。

頭骨を見たがった北京の科学者のなかにデーヴィッドソン・ブラックがいた。ブラックはカナダ人の医師兼化石研究者であり、北京の医学生に解剖学を教えていた。皮肉なことにちょうど少し前に、ダートのタウング・チャイルドが初期人類であるという考えを斥けた科学者のなかに、ブラックがロンドンで学んでいたときの仲間がいた。ブラックは頭骨を見るなり、周口店の仕事に打ち込みはじめた。これはたいへん原始的な人類のものだと認識したのだ。ブラックは何ヵ月もかけて周囲の岩石から頭蓋骨を掘り出したあと、ヨーロッパ各国を回り、これまでに発見された最も重要な人類の化石を見つけたと宣伝した。

アフリカのダートやインドネシアのユージーン・デュボアと違って、ブラックは、先史時代の人類を理解するうえでシナントロプス・ペキネンシス（北京原人）がたいへん重要なことを科学界と一般人に納得させるのにあまり苦労しなかった（のちに、これはデュボアのジャワ原人の頭骨と同じ種だと専門家たちが認めて、北京原人はホモ・エレクトゥスと呼ばれるようになった）。ブラックの発見が受け入れられたのは、ある程度まで当時の強い人種主義――人類発祥の地はブラック・アフリカである可能性は小さいが、アジアである可能性は大きいという考え――のせいだったかもしれない。今日中国人は、一部の科学者も含めて、中国が人類発祥の地だったと主張しつづけている。そうでないことを示すルーシーと同類たちという確かな証拠があるにもかかわらず。

デーヴィッドソン・ブラックは北京原人に関する仕事で有名な科学者になり、周口店の洞窟での発掘を、一九三四年に早すぎる死を迎えるまでつづけた。ブラックがいつまでも北京原人の発見と結びつけて記憶されるとすれば、その周口店での仕事を継いだフランツ・ワイデンライヒは、いつまでもその紛失と結びつけて記憶されることになった。

ワイデンライヒは北京原人の研究を引き継いだ。その指揮のもとでおこなわれた発掘で、一九二〇年代半ばにさらにヒトの頭骨および関連する骨が出てきた。洞窟群から見つかった遺物には全部で四〇体の遺体が含まれ、うち六体はかなり完全に近かった。石器など人工遺物も一〇万点以上発見された。

そこに世界的な出来事が相次いだ。一九三三年に中国に侵攻していた日本は北京と周口店を占領すると、周口店に強い関心をもった。発掘をしていた作業員は日本の兵士たちに嫌がらせをされ、最後には殺される者も出て、発掘現場は閉鎖を強いられた。一九三〇年代終わりには緊張が高まり、多くの米国人が中国を去るなかでワイデンライヒも去った。中国の外で研究をつづけるために周口店の化石の測定結果、写真、漆喰の鋳型をできるだけ数多くもっていった。

一九四一年の終わりに、残った化石が保管されている北京の研究所を襲おうと日本軍が計画しているという話が伝わった。中国の科学者は米国大使館に助けを求めた。化石は注意深く梱包されて包装紙に包まれ、枠箱に詰められて、海岸に向かう列車に載せられた。海岸でカリフォルニア行きの船に積まれることになっていた。米国海兵隊員の一団が貴重な積荷に付き添った。

ところが計画は失敗した。周口店の化石が港湾都市の泰皇島に着く予定のころ、一九四一年一二月七日［米国の日付］に、日本は真珠湾を攻撃し、フランクリン・デラノ・ルーズヴェルトは日本に宣戦を布告した。化石を受け取るはずだった米国船が到着することはなく、化石を運んでいたはずの列車は海岸に近づくと日本軍の待ち伏せ攻撃を受けた。日本軍は列車と積荷を確保し、海兵隊員を捕虜にした。化石はなくなり、それ以来見つかっていない。ありがたいことにワイデンライヒには、鋳型と写真をとるだけの先見の明があった。戦後も周口店で発掘作業がつづいたが、これといったヒトの化石は見つかっていない。

周口店の洞窟にヒトが住んでいたのは四五万年から二三万年前のことで、住人たちはホモ・エレクトゥスの比較的新しい変種ということになる。解剖学的にこの人々は、それよりおよそ四〇万年前に生きていたデュボアのジャワ原人によく似ていた。この長い年月にホモ・エレクトゥスに起きた本当の変化は文化的なものだった。世代を経るにつれて周口店の石器は小型になり、また質がよくなっていった。最初期に用いられた荒削りの石英の石器の代わりにフリントと上質の石英が使われるようになった。これで狩りの効率が高まったと考えられる。洞窟で火も使われたかもしれない。ただし研究者は近年この考えを疑問視している。

直立した大きな体のホモ・エレクトゥスは、二〇〇万年近く前に現れてからほんの二〇万年前に滅びるまで、だいたい同じ生物でありつづけた。ホモ・エレクトゥスが滅びたのは、東アジアのはずれに住み着いたと思われる年代からわずか三〇万年後のことだ。インドネシアに移住し無数の島々に住み着くためには、ホモ・エレクトゥスはボートを組み立てたにちがいないと考える科学者もいる。この推測が当たっていれば、歴史の初期にホモ・エレクトゥスはあらゆる種類の環境に移動技能を適応させる人間らしい能力を備えていたことになる。考えられるあらゆるニッチに進出し、そこで繁栄する能力が人間に備わっているという力強い証しだ。

イヴは歩いてエデンを出たのか

ホモ・エレクトゥスは今や長距離歩行に熟達し、遠くまで移動していた。だがそこにホモ・サピエンスが現れ、人類のなかで唯一の地球の相続者となった。かつては、二五万年前から三五万年前までの間にホモ・エレクトゥスがホモ・サピエンスへと進化したと考えられていた。およそ二五万年前の、原始人類と現生人類の間の過渡期の人類と思われる古ホモ・サピエンスと呼ばれる化石人類の分類枠まであった。まずホモ・エレクトゥスがネアンデルタール人に進化し、それがのちに完全に現代的な人類に進化したと考えられた。

そして一九八〇年代に南アフリカと中東で、発掘をおこなっていた考古学者が、およそ一〇万年前に生きていた完全に現代的なヒトの痕跡を見つけた。南アフリカのケープタウンに近いクラシエス川の河口で、アフリカ大陸の南端に洞窟が口を開けていた。洞窟まで登るのは今日では難儀だが、一〇万年前には洞窟の入り口は磯に面していた。洞窟のなかで、研究者たちは知られているうち最古の現生人類の遺物を見つけた。一一万五〇〇〇年ほど前のものだ。アフリカではほかにも二か所で、現生人類の痕跡がたっぷり見つかった。ずっと北に行ってイスラエルのスフールというところにある洞窟には、およそ一一万年前の現生人類の遺物がある。そこからフットボール・フィールドの長さだけ離れたところにタブン洞窟があり、そこには同じ時期のネアンデルタール人の骨がある。また同じように、イスラエルのカフゼ洞窟には現生人類、これと並んでいるケバラ洞窟にはネアンデルタール人の遺物がある。

ネアンデルタール人と現生人類が同時期に存在していたことから、ネアンデルタール人が現生人類に進化したという考えは斥けられ、私たちはホモ・エレクトゥスの子孫ではないと多くの人類学者が納得している。ヒトの移住と拡散の果たした役割については、一九八〇年代以来競合する二つの考え方が浮上してきた。両者の論争は科学上のどんな論争にもおとらず激しい。

アン・アーバーにあるミシガン大学の生物人類学者ミルフォード・ウォルポフとオーストラリア国立大学の考古学者アラン・ソーンは、ホモ・エレクトゥスがアフリカからヨーロッパとアジアに移住してから、この広大な領域全体でだいたい同時に現生人類に進化しはじめたという見方の指導的な提唱者になった。このアプローチは、多地域連続進化説と名づけられている。ホモ・エレクトゥスが旧世界に住み着くと、ホモ・エレクトゥスの各集団から別個に現生人類が生まれたとウォルポフとソーンは唱えた。生じつつあったさまざまな集団の間でもある程度の移住がおこなわれたので、現生人類はだいたい同じような姿をしているのだと両研究者は考える。人種間の明らかな違いは、中国の住人とスカンジナヴィアの住人が隔てられていたといったことの結果だとウォルポフとソーンは言う。

ウォルポフとソーンは動かぬ証拠としてアジアとオーストラリアのたいへん古い年代の頭骨をいくつか挙げる。たとえば、インドネシアのサンギランで見つかった一連の頭蓋骨が、今日のインドネシア人との明らかな類似点を示しているし、周口店で見つかった頭骨は今日の北京に住む中国人の顔かたちとつながりがあるように見える。このような類似性がある理由は明らかだと彼らは主張する。今日の中国人は、五〇万年前にこの地域に住んでいたホモ・エレクトゥスの子孫なのだ。

ウォルポフとソーンの考えがもし正しければ、それがもつ意味は大きい。ホモ・エレクトゥスの古さから考えて、私たちホモ・サピエンスがその子孫であれば、現存の人種集団間の分離には長い歴史があることになる。一〇〇万年を超える歴史があるかもしれない。遺伝子の違いが蓄積するのに十分な時間だ。人種集団間に存在するとされる知的能力の差は、さまざまな地理的集団の進化史に科学的基礎があると推測する人さえいるかもしれない。

しかし化石の専門家には、この見方を受け入れない人が多かった。現生人類を、それに先立つどの種ともまったく異なる新しい種と見ているのだ。またウォルポフとソーンが唱えていたほど、今日存在する人種が発生した年代が古いという考えに疑問をもつ研究者が多かった。一九八八年にイギリス自然史博物館のクリストファー・ストリンガーとピーター・アンドルーズは、ホモ・サピエンスの出現について新たなモデルを唱えた。旧世界全体で現生人類が急速に台頭していたように思われたので、なぜそうなったのか説明しようとして、ストリンガーとアンドルーズは、ホモ・エレクトゥスから私たち自身への移行をむしろ種形成と見るべきだと主張した。この二人の見方によると、現生人類はアフリカにいた何らかの種族から生まれ、急速に拡がって、行く先々で自分たちより原始的な人類集団をことごとく駆逐していった。したがって、現生人類とネアンデルタール人の祖先は同じでない。後者は、遺伝的な痕跡を残さずに私たちの祖先によって絶滅に追いやられたヒトの系統樹の小枝にすぎない。

ストリンガーとアンドルーズの見方は根本的に異なっており、生物学的な種としての私たち自身をどう見るかを考えるうえで、大きな影響を及ぼすべき意味を含んでいる。二人は、現生人類はかなり遅い年代、ほんの一五万年前に現れたと唱えた。そうだとすると、今日見られる人種はごく最近分かれたものので、人種間の違いはおそらく生物学的に無意味になる。現生人類はアフリカのみにおいて直接ホモ・

エレクトゥスから生まれたのであり、私たちの系統樹にネアンデルタール人がおさまる場所はなかった。

現生人類の類似の具合から、現生人類は最近になってから世界各地に移住したという刺激的な説をストリンガーとアンドルーズは唱え、彼らと増してゆくその支持者の陣営は証拠を探し求めた。証拠は考古学的発掘現場のほこりっぽい穴でなしに、生化学者や遺伝学者の研究室で見つかった。カリフォルニア大学バークレー校の有名な生化学者だった故アラン・ウィルソンと、人類学の大学院生レベッカ・キャンは、太古の化石と、同じ場所に住んでいる現代人類の間にあるように見える類似性が、遺伝的なつながりを反映しているのかどうかを特定しようとした。

ウィルソンとキャンは世界各地のヒトのDNAを調べて、ヒトどうしの関係の強さを知ろうとした。今日地球上に生きているすべてのヒトの最後の共通祖先が生きていたのが一〇〇万年前のことであれば、DNA検査の結果からウォルポフとソーンの連続説が支持される。最後の共通祖先がそれよりずっと遅く生きていたのならば、よくアウト・オヴ・アフリカ（出アフリカ）説とも呼ばれてきたストリンガーとアンドルーズの急速置き換え説が証明される。だが問題があった。細胞核のDNAの変化は、ある集団で突然変異が起こりまた別の集団では異なる突然変異が起こるなかで、ごくゆっくりと蓄積してゆくにすぎないので、世界各地のヒトのDNAを比較しても意味のある結果が得られそうもないのだ。そこで、ウィルソンとキャンは独創性を発揮し、当時ヒトの起原の研究にあまり使われていなかった別の種類のDNAを利用した。

細胞の核に見つかるDNAとならんで、核外にある細胞の小さな器官、ミトコンドリアにも独自の遺伝暗号が収まっている。ミトコンドリアは太古には別の細胞だったものがやがて細胞と融合したが、しかし自律性を少しは保持してきたのだと科学者は考えている。ミトコンドリアDNAには独得な性質が二つある。急速に突然変異を起こすので、DNA配列の変化は核のDNAの突然変異よりはるかに短い時間に蓄積される。そのおかげで科学者は、たとえばナイジェリア人とデンマーク人のような二つの集団が核DNAには違いを示さなくても、ミトコンドリアについて両方の集団の遺伝子を比較できる。またミトコンドリアDNAは母親のみから受け継がれる。私たちは母親のDNAの複製を貰い、母親は母方の祖母のDNAを受け継いできたという具合だ。有性生殖にともなって両親の遺伝物質が混ざり合ってしまうという厄介なことがないので、科学者はある人の遺伝子の遺伝パターンを、さかのぼってたどることができる。

しかしウィルソンとキャンは、ミトコンドリアDNAを提供してくれる人を必要とした。そして思わぬところからミトコンドリアDNAを受け取った。さまざまな民族的背景の女性が出産したときに得られる胎盤だ。DNA試料をたっぷり提供された二人の研究者は仕事に取りかかり、ミトコンドリアDNAを抽出して女性の遺伝的な違いを分析し、祖先の系統樹を構成した。

結果は驚くべきものだった。今日地球上に生きている全人類六〇億人は、わずか一四万年前にアフリカで生きた一人の女性の子孫だと二人の研究者は主張した。ただしウィルソンとキャンは、この女性――イヴと呼ばれるのは避けられなかった――が、私たちの種の最初の女性ではなかったことを詳しく説明した。この女性の遺伝子だけが、何千世代にもわたる遺伝子の混じり合いを切り抜けて今日まで続いてきたというだけのことだ。こんなことはありそうもないように思えるのなら、人間社会のなかの遺伝子を電話帳に載っている名前にたとえてみればいい。電話帳には姓が満ちあふれており、珍しい変わったものもあれば、ありふれたものもある。香港の電話帳を開けば、リーやウォンといった名前がかなりの割合を占めている。メキシコではサンチェスやゴンザレスが何度も出てくる。アイルランドではケネディやムーアで何ページも埋まっている。なぜか。理由の一端は、ある人が別の人より自分の遺伝子、したがって姓を残すのに成功してきたことにある。私の場合、母方の祖母は娘しか産まず、娘たちは息子しか産まなかった。そこで母方の祖母の旧姓セルグは、祖母が死ぬと消え去った。同じように祖母のミトコンドリアの遺伝子は、娘たちが死ぬと消え去ってしまう。

今日見られる人種がわずか一四万年前に分かれたとすれば、人類史を考えるうえでその意味は大きい。人種の違いは遺伝子レベルでは些細なものであり、民族集団の間に生物学的な基礎をもつ知能の差を見いだしたい人たちにとって、それは無意味だということを意味することになる。

ウィルソンとキャンの研究には、攻撃される隙がなかったわけではない。ウォルポフとソーンは、DNAの試料がさまざまな民族の出である米国の女性から採取されているということで、このミトコンドリア研究を攻撃した。アフリカ系米国人には、遺伝子構成にヨーロッパ人やアメリカ先住民の遺伝子がかなりの割合で混ざっている人が少なくない。また遺伝学者がミトコンドリアDNAの突然変異発生の速度を測るのに使う「時計」は誤差が大きいと連続説支持者は主張した。時計の進みがほんの少し狂っているだけで、一四万年前とされる分岐の年代はむしろ一〇〇万年に近いことになるかもしれない。その場合、ウィルソンとキャンが確認したのは、ホモ・エレクトゥスがアフリカから世界各地に移住したことにすぎず、ホモ・エレクトゥスに取って代わったと遺伝学者が考える最近の人類の移住ではないことになる。

この点で論争は熱を帯びていった。ウィルソンとキャンの解釈が正しければ現生人類はアフリカで生まれ、世界中で自分たちより前からいたあらゆる種類の人類に取って代わってきたことになる（さもなければ、DNA研究で古い人類の遺伝子が検出されたはずだ）と、ウォルポフとソーンは指摘した。「取って代わった」とは、はっきり言えば「殺した」ということだ。歴史上、移住の過程で人々は殺し合いをしてきたが、ネアンデルタール人と現生人類ほど似通った二つの種が同時代に同じ場所に住んで、時々親しく交わることさえなかったということはありそうもないとウォルポフは考えた。

ウォルポフの議論には説得力があると思う。イギリスのキャプテン・ジェームズ・クックがポリネシアを航海したとき、クックと乗組員は肌の黒い小柄な人々に出会い、当時のヨーロッパ中心的な価値観から、この人々をヨーロッパ人より劣った別の種と見なした。しかしこの同じイギリス人の船乗りは、現地の女性と性的関係をもって子供をつくることは何とも思わなかったし、ポリネシアを訪れた最初のイギリス人の遺伝子が今も住民に受け継がれている島がある。同じ理屈で、現生人類とそれより原始的な人類の間で少なくとも時折は星めぐりのうまく合わない夫婦関係があっただろうと私は想像する。

過去数十年にヒトの起原をめぐっておこなわれた数々の論争と違って、この論争では、白衣をまとった実験科学者と野外で鍛えられた化石の専門家の陣営が対決したわけではない。何しろ、最初に急速置き換え説を唱えたストリンガーとアンドルーズはともに化石の権威として尊敬されていた。そして急速置き換え説の厳しい批判者のなかには遺伝学者がいた。ニューヨーク州立大学オネオンタ校のジョン・レルスフォードは、遺伝学的証拠は「ハード・サイエンス」というお墨付きを得ているように見えても、化石と同様に遺伝学的証拠も誤差や間違い解釈を免れないのだと指摘した。そして、アフリカからの第二波の移住のせいで遺伝学者の解釈は誤った結果を出しているのかもしれないと述べた。

先史時代の人類に起きた進化上の出来事の年代については、遺伝子が与えてくれる信頼できる情報は少なくて貴重だと、レルスフォードは言った。その代わりに遺伝学的証拠から、太古にさまざまな人間集団がどのように行動したかについては多くのことがわかる。たとえばおよそ一〇万年前に人類の人口爆発があったことは、そのころ世界の遺伝子プールの多様性が突然増したことから見て取れる。またこの同じ証拠から、人口急増が起こる前に生きていた初期の現生人類の総数は小さかったことがわかる。世界全体で数万だったかもしれない。だが世界人口は急増の前にずっと少ないままであったのか、あるいは歴史上何度もあったことなので先史時代にも再三起きたにちがいない疫病の大流行や飢饉後の人口激減のあとで、再度拡大したにすぎなかったのか、これは遺伝子からはわからない。

急速置き換え説の支持者と多地域説支持者の角突《つの》き合いをなんとか解決しようとした人類学者もいる。初期の現生人類は旧世界全体に拡がっているけれども、おそらく広汎に遺伝子を交換し、また道具などの文化的な人工物も交換していただろうというのだ。そうであれば、現生人類がすべて解剖学的構造の面でも遺伝子の面でもかなり一様さを保つことになる。多地域モデルを枝付き燭台として思い描いてみると、基部がアフリカからのホモ・エレクトゥスの出発、ロウソクがそれぞれ、アジアやヨーロッパに拡散したホモ・エレクトゥスの、現生人類への同時進化を表すと考えられる。

今度は、同じ枝付き燭台にロウソクをつなぐ腕金があると考える。これが折衷モデルだ。これは部分的連続説と呼べるもので、筋が通っている。しかし急速置き換え説支持者には、部分的連続説を受け入れない人が多い。太古の人類ともっと現代的な人類の間で交雑があったという考えを受け入れると、前からいた人類の遺伝子はすべて現生人類の遺伝子によって置き換えられたという急速置き換え想定の妥当性に、疑いが投げかけられるからかもしれない。

今の時点では急速置き換え説の提唱者が優位に立っている。一九九五年にロバート・ドリット率いるチームが、もともとのミトコンドリアDNA研究を補完するY染色体研究をおこなった。Y染色体は父親から受け継がれるので、母親から受け継がれるミトコンドリアDNAに対して完璧なテストケースになる。この研究で、ヒトは他のどんな霊長類の種よりもY染色体の遺伝的変異が小さいことがわかった。このことから、ホモ・サピエンスの発生はごく最近のことと思われる。多くの集団の間に遺伝的な一様性があるということは、変異が蓄積されるほど時間がたってないということだからだ。同時に別の研究チームが、別の染色体のアフリカの変種に、アフリカを除く世界全体よりも大きな変異が見られると報告した。またネアンデルタール人の骨から抽出したDNAの研究から、ネアンデルタール人が現生人類と遺伝学的にどれほど異なるかが明らかになった。

この三つの研究が合わさって、急速置き換えモデルの強力な根拠になっている。現生人類がほかの霊長類の種とくらべて遺伝学的に一様であることを説得力のある形で示している。しかし、一様であれば必ずごく最近現れたことになるのかどうかは、まだ定かでない。相次ぐ移住の波があり、遺伝学者は最後の波の証拠だけを目にしているという可能性も残っている。ウォルポフとその化石研究者仲間は、遺伝学的アプローチが妥当だとはまったく納得していない。私たちがホモ・エレクトゥスを征服した動物の子孫なのか、すでに世界に拡がっていた二足動物に加わった移住者の子孫なのかがわかるのは先のことだ。

現代の二足動物：ホモ・サピエンス

解剖学的に現代的な人類が登場した頃には、二足歩行はヒト科の世界の掟となってから一五〇万年以上を経ていた。現生人類は移住に必要な長距離歩行をしていただけでなく、長い脚を使って、現代の狩猟採集民におとらず効率的に肉を見つけていた。

狩りのやり方が追跡から待ち伏せに転換したのは、現生人類が完全な二足歩行をするようになってからずっとあとのことだ。一〇万年前、現生人類がユーラシア全体に拡がったときかもしれない。ニューメキシコ大学の考古学者ローレンス・ストラウスは、この変化が起こったのは少なくともヨーロッパと南アフリカではもっと最近、およそ二万年前のことだと考えている。ヨーロッパのホモ・サピエンスは大型哺乳動物を食べた。バイソン、トナカイ、アカシカ、野生のウマだ。ホモ・サピエンスは協力をおこない、しっかり作戦を立てることによってはじめて、こうした危険性を秘めた動物を殺すことができた。狩人たちは槍、ダート、弓矢、もりなどの発射物で武装して、狭い峡谷に追い込んで待ち伏せしたり、毎年の放浪で移動する群れを追ったりするすべを覚えた。狩りは戦術が巧みになり、参加者どうしのきちんとした連携のもとでおこなわれるようになった。そして、現代的な歩行をおこなったこうした人々には、獲物を追い、見つけ、忍び寄るのに必要なだけの移動効率と認知能力があった。

狩人たちは発明やほかの文化との接触を通して技術を獲得していくにつれて、獲物を殺す効率を高めていった。考古学者は東アフリカのザンビアで三〇万年前の木の棍棒の痕跡を見つけている。イングランド南岸では、やはり三〇万年前のイチイの枝でつくった折れた槍の柄が見つかっている。最近ドイツのハノーヴァーで長さ二メートルの木の柄が、石器やさばかれた野生ウマの残りとともに発見されことから考えて、四〇万年近く前にもドイツで狩人が槍を用いていたらしい。ネアンデルタール人は木で、土を掘るための棒、動物の皮をこする道具、容器や壺、服、それにもちろん建築材、そして槍や棍棒をつくったことだろう。おそらく人々は木だけでなく葉や粘土などでも、多様な道具をつくっただろうが、そのなかで残っているものは少ない。

太古の狩人は、現代の狩猟採集民とだいたい同じように、つまり待ち伏せしたり追いかけたりして動物を殺すために、また死骸をさばくためにこうした道具を用いた。だが、効率的な二足歩行をすれば、いい狩人になるのだろうか。二足歩行しても必ずしも狩りで大いに有利であるわけではない。恐竜を考えればいい。二足恐竜のなかには、ゆっくり移動する草食動物が少なくなかった。最近のヒト科動物に見られる二足歩行の利点は、少なくとも三つある。動物などの食物を探す効率的な長距離歩行ができること。獲物を敏捷に追いかけられること。道具、武器、子供を運べること。前適応の見事な例だ。直立歩行の初期段階は試験的なもので、いろんな違いがあり、食料を手に入れるうえでささやかな利点しかないものだった。長距離歩行が強みになるどころか、それが可能になったのさえ、のちのことだった。またそれよりずっとあとになってはじめてヒトは直立歩行の能力を改良して長距離歩行ができるようになった。歩行は四足類人猿から多様な原初の二足動物へと進化し、少なくとも一つの系統が、見事に長距離を歩く二足動物になった。しかしこの軌跡のどの段階にも終着点などなかった。特定の環境への当面の遺伝的適応があるだけだった。

私たち現生人類が地球の相続人となったのは脳のおかげだと、まだ読者諸氏は信じているかもしれない。しかしそれは、立ち上がって直立姿勢で効率的に移動する能力のおかげだったと、私は主張する。そして私たちの祖先がどのように地球全体に住み着いたかを考えると、歩行能力は決定的に重要だった。アフリカからの初期のヒトの移住は、世界の果てに住み着こうとする現代人類の大旅行とくらべれば、公園の散歩みたいなものだった。およそ一〇万年前、一団の人々が西南アジアにたどりついた。わずか五〇人ほどの集団だったかもしれない。数万年後にこの小さな「創始者」集団から最初の農業生産者が現れた。四万年前には中央ヨーロッパの数か所で人々は石刃といった見事に改良された道具をつくっていた。三万年前には、このような道具が世界全体に拡がっていた。

そのころ根本的な出来事が起こった。人々が、高度になっていく技術を携えて北極圏、ロシアのステップなど暮らしにくい場所にも拡がっていったのだ。人々はそれまでより大きな集落に住むようになり、やがて、それまでほど遊牧的でない様式で暮らすようになったと考古学者たちは考える。そして全ヨーロッパで、洞窟の壁に自分たちの暮らしを描くようになった。その時点で象徴使用と芸術精神がヒトの心理にしのび込んできたのか、またはヒトが後世の子孫が発見できるようなやり方ではじめて自己表現をしたのか、どちらかだろう。人々は自分自身の姿も描きはじめた。たとえばヨーロッパ中で、謎めいたヴィーナス的な女性の小立像が彫られた。これは豊穣の儀式とか宗教的儀礼で役割を果たしたのかもしれないが、純然たる芸術だったかもしれない。

人間がはじめて新世界に足を踏み入れたのがいつのことだったかは定かでない。シベリアとアラスカをつなぐベーリング陸橋を渡ったのは間違いない。一万三〇〇〇年前までに、ウィスコンシン氷河が後退するなかで人類は果敢に前進し、ことによると一年ごとに数マイルほど――あるいはもっと速いペースで――旅してアメリカ大陸を見つけたと、おおかたの考古学者は考えている。また、これより二万五〇〇〇年も早く、まだ氷河期が真っ盛りだった頃に、移民の波が新大陸に渡っていたと考える研究者もいる。これより一万六〇〇〇年あとに、アラスカにごく近いシベリア地域に人が住んでいたし、その三〇〇〇年後には海面が下がって二つの大陸をつなぐ陸橋が姿を現していたと専門家は確信をもって言える。ここを渡るのは容易でなかっただろう。陸橋部分は木がなく、気候が過酷だったからだ。アメリカ大陸への最初期の移住者たちは、広大な領域に生息する動物を何でも狩りながら、数千年かけて何とかここを渡った。

人々は、北アメリカに渡ると素早く移動し、たとえば一万二〇〇〇年前までにはペンシルヴァニアなど東部各地に達した。南アメリカで見つかっているヒト定住の最初の証拠も、だいたいこの頃のものだ。この時期、気候変化が進行していた。そして気温が上がるにつれて、急速に植民できる環境がひろがっていった。一万年前までに米国東部と中央部の有名なクローヴィスの集落が拡大しはじめ、それから少しあとには、特徴的な槍先を用いていたクローヴィスの人々は大陸全体に住んでいた。

アメリカ先住民は、直立姿勢への六〇〇万年にわたる前進の究極の到達点だ。人類発祥の地である東アフリカから最も遠い地点に達した最初の現生人類だからだ。ほかにボートに乗って太平洋の隅々を旅し、行く先々の群島に植民した人々もいた。しかし陸上で利用できる移動方法が徒歩だけだった時代に、新世界にきてそこを征服したのは歩いて移動してきた人々だった。

9

スカイウォーカー

『スター・ウォーズ』にこんな忘れがたい場面がある。ルーク・スカイウォーカーとその師オビ・ワン・ケノービが砂漠の惑星タトゥーインで薄汚い酒場に入る。そのバーは銀河間交易場にあり、ありとあらゆる有象無象の地球外生命が通ってくる。四つ目の小人、ヘビの頭をした人間、カエル人間、毛皮でおおわれた大きなイヌ人間、ドクター・スースの絵本に出てくるような毛むくじゃらの人物、想像されたほかの世界の人間たちがいる。想像されたというのは、つまりハリウッドによってということだが。

このバーにくるエイリアンにも、そして『フラッシュ・ゴードン』から『スタートレック』までほとんどすべてのSFのエイリアンにも共通する解剖学的特徴として、概して二足直立歩行し、指が数本、普通は五本ある器用な手をしていることがある。これは一面ではキャスティングに課せられた制約の結果だ。本当に地球人離れの身体をもった、仕事のない役者を見つけることは容易でない。それでSFの登場人物はすべて、少なくともコンピューターで映像が作成される時代以前のものは、普通の地球人がコスチュームを着た姿によく似ているのだ。

地球の枠を出てみれば、ほかの世界の進歩した生命はこれよりはるかに見慣れない姿かたちをしていないだろうかと考えることができる。手足に一定数の指があるのは、進化によって生じた発生上の特徴の結果だ。たいていの系統は指が五本あるが、両生類には四本しかない種が少数ある。直立してその姿勢で歩くことも、二足動物になるまでの長い進化史の帰結だ。地球に暮らす生物として珍しい特徴である直立ということは、高度な知能を発達させるための前提条件として、どのくらい重要なのだろうか。

私たち人間の人間たるゆえんは、かなりのところ私たちがもつ技術にある。私たちの祖先が立ち上がって歩かなかったら、道具使用はこれほどの高い水準に達しなかった。地球以外でもたいへん頭のいい生物を見れば、自由にものを扱える手をもっていることは、ヒトのようなタイプの知能を発達させるために必要な第一歩かもしれない。チンパンジーは、私たちを別にすれば地球上で最も技術能力の高い動物だが、その姿勢のせいで手の器用さが限られている。シロアリの塚でシロアリを釣り上げる探針として用いる枝切れをチンパンジーが集めているのを観察したことがある。チンパンジーは枝を慎重に何本も口にくわえて運ぶ。自由に使える手がないからだ。ナックルウォークをするには四本の脚をすべて地面につかなければならない。またイルカは、ヒト以外のどんな動物よりも高度な信号を用いて意思疎通しながら海を動き回るが、道具使用の技術を身に付けていない。ひれは、深い海で向きを変えるのにぴったりだが、ものをつかむには役に立たない。イルカによる道具使用は一種類しか発見されていない。海底から海綿を拾いあげて鼻のような口先に引っ掛け、海底に押し付けて、餌になるものを探すのだ。何と言っても、イルカには立つための脚も、ものをつかむ手もない。ゾウは器用な鼻でものを運び、木から食物をもぎとるが、指がないのでその能力は限られている。下等な脊椎動物のなかで「手先の」器用さが最も発達している種、つまりタコは最も脳の大きい種だ。

しかし『スター・ウォーズ』の酒場に集まる地球外生命をめぐる疑問に戻ろう。私たちがいつの日か頭のいい地球外生命の訪問を受けたとしたら、その姿かたちは私たちに似ているだろうか。地球以外でも生命は、地球上の生命が従っているのとよく似た生物学法則に従っているかもしれない。つまりダーウィンが考えた自然選択による進化の考えは、宇宙のどこの生命にも当てはまるかもしれない。恒星のまわりで適度の距離をおいて軌道を描き、岩におおわれている惑星があれば、生命の存在に適した条件が整うはずだ。そこに、さまざまな地質成分がちょうどいい割合で混ざったもの、何らかの形の水、生物が凍りつきも焼かれもしない温度が加われば、数億年後に何らかの形の生命が惑星全体をはいまわっているかもしれない。そして頭のいいものは、おそらく直立歩行しているだろう。

これは単なる絵空ごとの臆測ではない。物理的環境が生命をどのように形づくるかについては、まさにこの地球上でうってつけの例がある。四〇〇〇万年前のオーストラリアは、海面の上昇と大陸移動のせいで孤立した大陸となった。そのときこの地域に棲んでいた原始的な哺乳動物が、大陸という箱舟の乗客となり、やがてオーストラリアの主要な居住者となった。あとは知ってのとおりだ。この哺乳動物たちは、あまり競争相手のいない大陸であらゆるニッチを利用する多様な形をとった。オーストラリアの有袋類は、哺乳類としては進む者の少ない道を行き、子宮の代わりに袋を使って生殖の問題を解決した。

オーストラリアには、胎盤をもつ哺乳類が進化していた世界とあまり違わない生息環境が豊富にあった。砂漠、森林地帯、熱帯雨林、草原、海岸があった。オーストラリアの有袋類はこうした環境すべてを利用して、ほかのあらゆる場所で有胎盤類の哺乳類がしたのと同じように多様化し、穴を掘る動物、木に登る動物、駆け回る動物、フクロモモンガのように滑空する動物、草食動物、肉食動物、アリクイのようにアリを食べる動物に進化した。フクロネズミもフクロオオカミもフクロライオンも出現した。このうちあとの二つは、すでに絶滅してしまったが。カンガルーは奇妙に脚が長いが、実は、動き回る仕方を除けばシカやアンテロープとあまり違わない。種類のいろいろあるカンガルーや大小のワラビーは、ほかのあらゆる場所で蹄のある哺乳類が担っているのと同じ草食動物としての役割を担っている。ほかの地域と同じくオーストラリアでも自然選択によって、草原や森林のニッチに適応した種が生じた。動き回るという課題への新たなオーストラリア的アプローチにすぎない。有袋類の哺乳動物は変わって見えるが、生物がつくられるうえで自然環境と自然選択が及ぼす広汎な影響を物語っている。有袋類と有胎盤類の著しい収斂《しゅうれん》（結果の重なり合い）は、地球外生命のあり方をどう予想すべきかを物語っている。環境条件が似通っていれば、植物あるいは植物のような生物群集が生まれるはずだと予想できる。そしてこうした生物は、動物群集の生活を支える資源となるはずだ。ダーウィンの法則が普遍的に成り立つとすると、地球に似た生息環境では私たちの世界の動物と劇的には違わない動物が出現し、多様化するだろう。だから別世界の生物も、それほどは別世界らしい見掛けにならないだろう。せいぜい、地球生物のなかでとくに変わって見えるものと同じくらい変てこであるにすぎないだろう。哺乳類といっても、乳首があるのにその名のとおりカモのようなくちばしをもち、生殖の仕方としては卵を産むカモノハシから、ほとんど歯のないキツネザルでわいせつなほど長大な中指をしているアイアイまでいろいろあって、この多様性の幅からはずれるほどのＥＴはいないだろう。

る。NASAは、銀河系のほかの恒星のまわりで軌道を描いている地球に似た惑星を見つけようとしている。あまり遠くない将来に、知的生命の出現に都合のいい条件の整った世界が見つかるかもしれない。そこの知的生命はどんな姿をしているだろうか。私たちは周囲の環境に、ちょっと手を加える以上の変化をおよぼす方法がない。私たちが出会う知的生命のボディープランは、私たちとか少なくとも何らかの霊長類におおよそ似ているだろう。指の数は、さまざまな発生と遺伝の要因によって決まるだろうが、腕とか脚、そして指があることは、ほぼ間違いあるまい。

知能を備えた地球外生命がいるとして、その生物は必ず直立歩行するだろうか。地球上では二足歩行は稀にしか見られないので、特殊な条件が重なるのでもないかぎり、また現れると考えるのはばかげている。この問題を探るには、地球上の生命について同じ問いを立ててもいい。二足歩行の出現は、環境、遺伝子、歴史に関する、生じる確率の小さい無数の条件が重なってはじめて起こる一回限りの出来事だったのか。そうだとすれば、人類の時計を八〇〇万年戻して、そこから類人猿とヒト科の進化を進行させることができたとすれば、二足歩行が再び現れることはないかもしれない。それとも、適当な生態学的条件が整うと、二足歩行の出現はほぼ必然的だったのだろうか。

とりわけ重要な要因が一つある。二足動物の祖先は、自然選択によって容易に直立歩行者の体に変化できる解剖学的特徴の組み合わせを備えていなければならなかった。これは私たちの祖先に、広範できには迷路のように込み入った変化が起こったことが関係していた。解剖学的な前提条件は、最初のヒト科にはすべてそろっていたが、直立姿勢を獲得してもよかったほかの哺乳類グループには全部はそろっていなかったかもしれない。この前提条件には、ものをつかむ手と、ほかの指と向きあう親指（対向指）が含まれる。霊長類のこの最も基本的な適応は、人類のあけぼのより六〇〇万年以上前に起原があった。これは道具を用いるとかものを運ぶためにではなく、むしろ木の上で動き回るため、また食料として昆虫を捕まえるために発達した。だが対向する親指の活用は先に持ち越され、自然選択によって何万年ものちに、自由な手で道具を製作して使う二足動物で有効に利用されるようになった。

このことからもまた、二足歩行が（人類の初期に繰り返し出現した可能性は十分あることはすでに見たが）なぜ一つのグループ、霊長類にしか出現しなかったかという理由が推測される。二足歩行して食料探しをするほうがエネルギー効率が高いことに加えて、手を自由に解放したことは霊長類のみに見られた要素だった。霊長類だけが、生存の助けになる形で手をうまく使える知能を具えていたからだ。二足歩行の見返りが、ほかの哺乳類の場合よりもヒト科では単に大きくて、それで二足歩行が推し進められたのかもしれない。

一組の環境パラメーターを与えられたとき、進化のおおよその道筋を予測することは可能だと多くの生物学者が考えている。人類学者のなかには、霊長類のつがいシステムは予想できる道筋をたどって進化してきたと書いている人もいる。ヒトの進化に影響を及ぼすかもしれない要因を注意深く検討すれば、直接の祖先を調べることができると彼らは主張する。しかし多くのヒト進化研究者が最善の努力をしても、進化のパターンを予測するのは、たとえ過去を振り返ってから推測するのであっても、おおむね当て推量にすぎない。

ジャック・スターンとランダル・サスマンは、この本の中心的な問題を次のようにまとめている。「化石が見つかれば見つかるほど、私たちの驚きは大きくなる。四〇〇万年から六〇〇万年前という年代の標本が発見されれば興奮はかき立てられる。……難題は、この祖先をヒト科と確認する私たちの能力にあるかもしれないと認めておこう」。

かつて、二足歩行は人類の根本的な目印であり、霊長類最古の二足動物が見つかれば、ヒトの系統樹のおおもとが見つかったことになるということを、何世代にもわたる研究者は前提としていた。しかし今では、そうとは限らないことがわかっている。霊長類最古の二足動物は、直立した類人猿にすぎないかもしれない。霊長類の初期二足動物には系統がいくつかあったか、ことによると数多くあったかもしれないが、そのなかから今日地球上を歩いている種の祖先となる種が現れた。ほかの種のただ一つの遺産は、ほこりの積もった博物館の引き出しのなかに並んでいる骨と、発見される日を地中で待っている骨だ。こうした骨のどれが直立の類人猿であり、どれが私たち人類の源であるかを突き止めるのが、私たちの直面する難題だ。

大きすぎる白い宇宙服と光を反射するガラスのヘルメットに身を包んだ宇宙飛行士が、青い地球の上空高くに浮かんでいる。手袋をした手は、単純な作業に使う道具をぎこちなくいじる。宇宙飛行士がなすすべもなく遠く漂っていってしまわないように、ブーツをはいた足は宇宙ステーションのロボット・アームにつなぎとめられている。生命と、音もたてず素早く襲う死、その境界線は実にかぼそい。

三二〇キロ下ではスキューバダイバーが紺碧の海のなかでサンゴ礁を探る。足にはゴムのひれが付いており、全身はネオプレン製のウェットスーツに包まれ、頭はマスクにおおわれ、そこから空気ホースが延びて、背中の酸素入り金属タンクにつながっている。タンクを取り去るなりホースを切るなりすれば、ダイバーは間違いない死刑宣告を受ける。

数キロ離れたところでは、登山家がむきだしの崖の岩肌に張り付いている。彼女の手は、取っ掛かりとしてごく小さな裂け目を探し、足は下の割れ目に突っ込まれている。体を支える金属のハーケンとロープがなかったら、簡単に落下して即死かもしれない。一〇メートルほど落ちるだけでも。

私たち人間は、地球上の少数の環境を除けばどこにあっても、どうしようもない不適応者だ。平坦で乾燥した陸地でも、ごく狭い温度範囲でしか生存できない。技術に助けられないかぎり、それより上でも下でも死を運命づけられる。だがそれでも、地球の歴史のなかで自然選択と多くの歴史を経て、何十億もの動物種のうちから地球を支配する種となった。この歴史の大半は今日、長い年月の霧に包まれて私たちの目から隠されている。それでも見て取れるわずかなこと、また推測できるさらに多くのことは、立ち上がって歩いたある類人猿からすべてがはじまったと、私たちに告げている。

訳者あとがき

二本の脚で立って歩くのは、なかなかの大事業だ。先端のロボット技術でも最近ようやく無難にこなせるようになってきた。しかし著者の三人のお子さんたちは、それぞれ特性的な経過をたどってだが、どの赤ん坊とも同じく、ごく自然に第一歩を踏みだした。両親は、自分たちの子育ての成果だと思って顔を見合わせて「にんまり」するのだが（序章）、じつはホモ・サピエンスの全個体に組み込まれていた行動特性が、然るべき発達段階に達して発揮されたにすぎない。ではこの力学的な無理は、遠い昔のいつ、どのようにして、どういう理由から、我々の一生を律する合理的で当然の背景となり、骨格構造もそれに適するようになってきたのだろうか。化石人類での近年の目ざましい成果（ルーシー、「ナリオコトメ」ボーイ、「トゥマイ」）などにもかかわらず、（a）いつ、（b）どのようにして、（c）どういう理由からというどの設問にも研究者の間で多くの提案、多くの別提案があるとともに、多くの反論があり、論争の渦中にあることを、読者は興味深く知らされる。

「立てば這え、這えば歩め」に慣らされてきた我々は、つい常識を進化の過程にも投影して、チンパンジーたちと違う進化の道に入った我々の大祖先は、直立歩行への一本道を文字通りひたすら歩んだように想像したくなるが、これは違うだろうというのが、著者が発している大事なメッセージの一つだ。数百万年前の環境背景のもとで絡み合っていた「どのようにして」と「どういう理由から」に応じながら、いくつもの手さぐり――足さぐりというべきだろうか――の試行があった。樹の枝のように分かれた試行のうち、一本の枝だけが結果として現在までつながった。だからこの現在から過去へと逆に遡って見てゆくと、そこに必然的な一本道だけがあったかのように見える。そういうイメージが本書から浮かんでくる。

事件進行の舞台だったアフリカで、環境背景はサヴァンナという書き割りのまま固定していたのでなく、森林の多い状態から次第に疎林へと年代によって移っていったから、進化の手さぐり（いや、足さぐり）もそれに応じて動的に見てゆかねばならない。だから設問のうちの「いつ」にも、歴史年表のように決まった時代を当てがうことはできない。樹の枝の上での「つかまり立ち」から、及び腰の短距離のよたよた歩き、そしてやがては遠征行進へと、一つの流れとして進んできた。そういうイメージも浮かんでくる。

具体的な主題にまぎれつつ、「行動が解剖構造に先行する」という発想が、記述のうちに再三見え隠れしていることにも触れておきたい。たとえば「…こうした〈行動〉が一〇〇万年にわたって何百万回も繰り返されれば、祖先には利用できなかった食料資源を利用できる類人猿の系統が自然選択で有利になる。このような利点は、類人猿の〈解剖学的構造〉がより長く、より安定を保ちながらまっすぐ立っている能力を向上させるように修正されて、それが自然選択で選ばれた結果として得られてきたのかもしれない。こうした幸運な類人猿は自分の遺伝子、つまり直立姿勢へのゆっくりした着実な移行の背後にある遺伝子を、後代に受け継がせたことだろう」（第六章、〈 〉の強調は訳者による）。これはもちろん筋が通っていると思うが、「ある構造特性（それをもたらす遺伝子突然変異）が生じたから、それに応ずるような行動が進んだ」という素人ふうの発想――訳者も当然その仲間である――とは、むしろ逆に見える。

ではそうした行動が「一〇〇万年にわたって」繰り返されたのはなぜか。行動は（骨格構造はまだ少し追い付いていないとしても）筋肉と脳・神経系によって支配され、筋肉や脳・神経の細胞の特性も遺伝子によって――全面的ではないだろうが相当に――支配されるのではないか。そう論じてしまうと、それも筋が通らないわけではないだろう。しかし、たとえばコンピューターの性能は、電源プラグを抜けば（あるいはバッテリーが切れれば）全機能が停止するから、コンピューターの性能は結局、すべて電源に依存すると論じてみても、それは正しいとしても啓発的な理解を何ももたらさないだろう。人間の場合に限らず、全身的にマクロに進化を見てゆくとき、「電源」に直行するのっぺら棒の還元主義の手前で、興味があるし未解決でもある課題は山ほど存在する。二足歩行の確立というもっとも特性的な進化の過程を、著者や、また著者と意見の違うところもある研究者たちは、どんなレヴェルで、どう捉え、謎に迫ろうとしているのか。それを本書 Craig Stanford: Upright, The Evolutionary Key to Becoming Human. Houghton Mifflin, 2003. は分かりやすく、新しい知見にも密着しながら紹介していると思う。本文中で［ ］で囲って活字を落としてある部分は、訳者の補足あるいは訳注である。

著者は現在、南カリフォルニア大学人類学および生物学部の教授で、ジェーン・グドール研究センターの共同所長（Co-Director）を務める。タンザニア、ウガンダ、インド、バングラデシュなどでの野外研究と併せて、これまで一〇〇編くらいも論文や解説論稿を書き本も五冊出すなど、目ざましい活動を見せている（近著は Significant Others: The Ape-Human Continuum and the Quest for Human Nature. 2001）。ホームページを見るとカリキュラム予定表なども詳しく載っていて、教育の方でもたいへん熱心である。体験をうまく織り込んだ講義の調子は、本書からも随所に窺われるように思う。

遅れがちな翻訳の進行の督励や原稿の整理、そして索引つくりまで協力をいただいた編集部の西館一郎さんにお礼を申しあげる。

二〇〇四年九月

訳者

新装版へのメモ

いわゆる「サル学」の人気は衰えを知らない。わが隣人たちがいつ、どのようにヒトへの道筋をたどったのか。この疑問は大いなる謎であると同時に眩しいロマンでもあろう。長らく品切れだった本書を新装版とした所以です。

クレイグ・スタンフォード教授が最近新著を出したという。*The New Chimpanzee:A Twenty-First-Century Portrait of Our Closest Kin.* がそれ。「新しいチンパンジー」とは何を体現しているのだろうか。興味津々。小社刊行予定で鋭意進行中です。手前味噌を承知のうえで、新刊情報だけでもお伝えできればと思った次第です。

二〇一八年夏

編集部

直立歩行 進化への鍵（新装版）

2018年7月20日　第1刷印刷
2018年7月31日　第1刷発行

著者――クレイグ・スタンフォード
訳者――長野敬＋林大

発行人――清水一人
発行所――青土社
東京都千代田区神田神保町1-29　市瀬ビル　〒101-0051
電話　03-3291-9831（編集）、03-3294-7829（営業）
振替　00190-7-192955

印刷・製本――ディグ

装幀――戸田ツトム＋今垣知沙子

ISBN978-4-7917-7087-8　Printed in Japan

索　引

あ　行

か　行

さ 行

た 行

は　行

ま　行

や　行

ら　行

わ　行

参考文献

1. 最初の一歩

Brunet, M., et al. 2002. A new hominid from the Upper Miocene of Chad, Central Africa. *Nature* 418:145–51.

Dart, R. 1953. The predatory transition from ape to man. *International Anthropological and Linguistic Review* 1:201–19.

———. 1959. *Adventures with the missing link*. New York: Harper.

Darwin, C. 1871. *The descent of man and selection in relation to sex*. London: J. Murray.

Elliot-Smith, G. E. 1923. The study of man. *Nature* 112:440–44.

Engels, F. 1896. The part played by labor in the transition from ape to man.

Gregory, W. K. 1930. The origin of man from a brachiating anthropoid stock. *Science* 71:645–50.

Haeckel, E. 1874. *Anthropogenie oder Entwickelungesgeschichte des Menshcen*. Leipzig: Englemann.

Huxley, T. H. 1863. *Evidence as to man's place in nature*. London: Williams and Norgate.

Keith, A. 1903. The extent to which the posterior segments of the body have been transmuted and suppressed in the evolution of man and allied primates. *Journal of Anatomy and Physiology* 37:18–40.

———. 1923. Man's posture: Its evolution and disorders. *British Medical Journal* 1:451–54, 499–502, 545–48, 587–90, 624–26, 669–72.

Landau, M. 1991. *Narratives of human evolution*. New Haven, Conn.: Yale University Press.

———. 1995. Paradise lost: The theme of terrestriality in human evolution. In J. S. Nelson, A. Megill, and D. N. McCloskey, eds.,

The rhetoric of the human sciences, pp. 111–24. Madison: University of Wisconsin Press.
Le Gros Clark, W. E. 1967. *Man-apes or ape-men?* New York: Holt, Rhinehart and Winston.
Osborn, H. F. 1928. The influence of bodily locomotion in separating man from the monkeys and apes. *Science Monthly* 26:385–99.
Schultz, A. H. 1953. The place of the gibbon among the primates. *Journal of the Royal Anthropological Society* 53:3–12.
Tuttle, R. H. 1974. Darwin's apes, dental apes, and the descent of man: Normal science in evolutionary anthropology. *Current Anthropology* 15:389–98.
———. 1975. Knuckle-walking and knuckle-walkers: A commentary on some recent perspectives on hominoid evolution. In R. H. Tuttle, ed., *Primate functional morphology and evolution*, pp. 203–9. The Hague: Mouton.
Washburn, S. L. 1963. Behavior and human evolution. In S. L. Washburn, ed., *Classification and human evolution*, pp. 190–203. Chicago: Aldine.
———. 1968. Speculation on the problem of man's coming to the ground. In B. Rothblatt, ed., *Changing perspectives on man*, pp. 191–206. Chicago: University of Chicago Press.

2. こぶしで歩く

Conroy, G. C., and J. G. Fleagle. 1972. Locomotor behaviour in living and fossil pongids. *Nature* 237:103–4.
de Waal, F.B.M. 1987. Tension regulation and nonreproductive functions of sex in captive bonobos (*Pan paniscus*). *National Geographic Research Reports* 3:318–35.
de Waal, F.B.M., and F. Lanting. 1997. *Bonobo: The forgotten ape*. Berkeley: University of California Press.
Doran, D. M., and K. D. Hunt. 1994. Comparative locomotor behavior of chimpanzees and bonobos. In R. W. Wrangham, W. C. McGrew, F. B. M. de Waal, and P. G. Heltne, eds., *Chimpanzee cultures*, pp. 93–108. Cambridge, Mass.: Harvard University Press.
Fleagle, J. G. 1999. *Primate adaptation and evolution*. 2d ed. New York: Academic Press.

Fleagle, J. G., et al. 1981. Climbing: A biomechanical link with brachiation and with bipedalism. *Symposia of the Zoological Society of London* 48:359–75.
Gebo, D. L. 1996. Climbing, brachiation, and terrestrial quadrupedalism: Historical precursors of hominid bipedalism. *American Journal of Physical Anthropology* 101:55–92.
Gebo, D., et al. 1997. A hominoid genus from the Miocene of Uganda. *Science* 276:401–4.
Goodall, J. 1986. *The chimpanzees of Gombe: Patterns of behavior.* Cambridge, Mass.: Harvard University Press.
Hunt, K. D. 1992. Social rank and body size as determinants of positional behavior in *Pan troglodytes. Primates* 33:347–57.
Köhler, M., and S. Moyà-Solà. 1997. Ape-like or hominid-like? The positional behavior of *Oreopithecus bambolii* reconsidered. *Proceedings of the National Academy of Sciences* 94:11747–50.
Latimer, B. M., T. D. White, W. H. Kimbel, and D. C. Johanson. 1981. The pygmy chimpanzee is a not a living missing link in human evolution. *Journal of Human Evolution* 10:475–88.
Lewis, O. J. 1972. Evolution of the hominoid wrist. In R. H. Tuttle, ed., *Functional and evolutionary biology of the primates*, pp. 207–22. Chicago: Aldine-Atherton.
———. 1989. *Functional morphology of the evolving hand and foot.* Oxford: Clarendon.
Parish, A. R. 1994. Sex and food control in the "uncommon chimpanzee": How bonobo females overcome a phylogenetic legacy of male dominance. *Ethology and Sociobiology* 15:157–79.
Remis, M. 1995. Effects of body size and social context on the arboreal activities of lowland gorillas in the Central African Republic. *American Journal of Physical Anthropology* 97:413–33.
Stanford, C. B. 1998. *Chimpanzee and red colobus: The ecology of predator and prey.* Cambridge, Mass.: Harvard University Press.
———. 1998. The social behavior of chimpanzees and bonobos: Empirical evidence and shifting assumptions. *Current Anthropology* 39:399–420.
Videan, E., and W. C. McGrew. 2001. Are bonobos (*Pan paniscus*) really more bipedal than chimpanzees (*Pan troglodytes*)? *American Journal of Primatology* 54:233–39.

Walker, A., and M. Teaford. 1989. The hunt for *Proconsul*. *Scientific American* 260:76–82.
Ward, C. V. 1993. Torso morphology and locomotion in *Proconsul nyanzae*. *American Journal of Physical Anthropology* 92:291–328.
Wrangham, R. W., C. A. Chapman, A. P. Clark-Arcadi, and G. Isabirye-Basuta. 1996. Social ecology of Kanyawara chimpanzees: Implications for understanding the costs of great ape groups. In W. C. McGrew, L. F. Marchant, and T. Nishida, eds., *Great ape societies*, pp. 45–57. Cambridge: Cambridge University Press.
Zihlmann, A. L., J. E. Cronin, D. L. Cramer, and V. M. Sarich. 1978. Pygmy chimpanzee as a possible prototype for the common ancestor of humans, chimpanzees, and gorillas. *Nature* 275:744–46.

3. 天国の歩行

Abitbol, M. M. 1987. Obstetrics and posture in pelvic anatomy. *Journal of Human Evolution* 16:243–55.
———. 1996. *Birth and human evolution*. Westport, Conn.: Bergin and Garvey.
Aiello, L., and C. Dean. 1990. *Human evolutionary anatomy*. New York: Academic Press.
Carrier, D. R. 1984. The energetic paradox of human running and hominid evolution. *Current Anthropology* 25:483–95.
Chapman, G., N. G. Jablonski, and N. T. Cable. 1994. Physiology, thermoregulation, and bipedalism. *Journal of Human Evolution* 27:497–510.
Dainton, M., and G. A. Macho. 1999. Did knuckle-walking evolve twice? *Journal of Human Evolution* 36:171–94.
Falk, D. 1990. Brain evolution in *Homo:* The "radiator" theory. *Behavioral and Brain Sciences* 13:333–81.
Falk, D., and G. Conroy. 1983. The cranial venous system in *Australopithecus afarensis*. *Nature* 306:779–81.
Grant, R. B., and P. R. Grant. 1989. *Evolutionary dynamics of a natural population*. Princeton, N.J.: Princeton University Press.
Griffin, T. M., and R. Kram. 2000. Mechanics of penguin walking: Waddling walk does not explain expensive locomotion. *Nature* 408:929.

Hunt, K. D. 1994. The evolution of human bipedality: Ecology and functional morphology. *Journal of Human Evolution* 26:183–202.
Leonard, W. R., and M. L. Robertson. 1997. Rethinking the energetics of bipedality. *Current Anthropology* 38:304–9.
Lovejoy, C. O. 1988. The evolution of human walking. *Scientific American* 259:118–25.
Margaria, R., P. Cerretelli, P. Aghemo, and G. Sassi. 1963. Energy cost of running. *Journal of Applied Physiology* 18:367–70.
Pinshow, B., M. A. Fedak, and K. Schmidt-Nielsen. 1977. Terrestrial locomotion in penguins: It costs more to waddle. *Science* 195:592–94.
Richmond, B. G., and D. S. Strait. 2000. Evidence that humans evolved from a knuckle-walking ancestor. *Nature* 404:382–85.
Rodman, P. S., and H. M. McHenry. 1980. Bioenergetics and the origin of hominid bipedalism. *American Journal of Physical Anthropology* 52:103–6.
Rose, M. D. 1984. Food acquisition and the evolution of positional behavior: The case of bipedalism. In D. J. Chivers, B. A. Wood, and A. Bilsborough, eds., *Food acquisition and processing in primates*, pp. 509–24. New York: Plenum.
Rosenberg, K. R., and W. R. Trevathan. 1996. Bipedalism and human birth: The obstetrical dilemma revisited. *Evolutionary Anthropology* 4:161–68.
Ruff, C. B. 1995. Biomechanics of the hip and birth in early *Homo*. *American Journal of Physical Anthropology* 98:527–74.
Sanders, W. J. 1998. Comparative morphometric study of the australopithecine vertebral series Stw-H8/H41. *Journal of Human Evolution* 34:249–302.
Steudel, K. L. 1994. Locomotor energetics and hominid evolution. *Evolutionary Anthropology* 3:42–48.
———. 1996. Limb morphology, bipedal gait, and the energetics of hominid locomotion. *American Journal of Physical Anthropology* 99:345–55.
Tague, R. G., and C. O. Lovejoy. 1986. The obstetric pelvis of A.L. 288-1 (Lucy). *Journal of Human Evolution* 15:237–55.
Taylor, C. R., and V. J. Rowntree. 1973. Running on two or four legs: Which consumes more energy? *Science* 179:186–87.
Taylor, C. R., N. C. Heglund, and G.M.O. Maloiy. 1982. Energetics

and mechanics of terrestrial locomotion. *Journal of Experimental Biology* 97:1–21.
Trevathan, W. 1987. *Birth: An evolutionary perspective.* New York: Aldine de Gruyter.
Tuttle, R. H. 1974. Darwin's apes, dental apes, and the descent of man: Normal science in evolutionary anthropology. *Current Anthropology* 15:389–98.
———. 1975. Knuckle-walking and knuckle-walkers: A commentary on some recent perspectives on hominoid evolution. In R. H. Tuttle, ed., *Primate functional morphology and evolution*, pp. 203–9. The Hague: Mouton.
———. 1981. Evolution of hominid bipedalism and prehensile capabilities. *Philosophical Transactions of the Royal Society of London* 292 (series B):89–94.
Walker, A., and P. Shipman. 1996. *The wisdom of the bones.* New York: Alfred A. Knopf.
Wheeler, P. E. 1984. The evolution of bipedality and loss of functional body hair in hominids. *Journal of Human Evolution* 13:91–98.

4. 拡張された家族

Abourachid, A., and S. Renous. 2000. Bipedal locomotion in ratites (Paleonatiform): Examples of cursorial birds. *Ibis* 142:538–49.
Andrews, P. J. 1989. Palaeoecology of Laetoli. *Journal of Human Evolution* 18:173–81.
Berman, D. S., et al. 2000. Early Permian bipedal reptile. *Science* 290:969–72.
Brunet, M., et al. 2002. A new hominid from the Upper Miocene of Chad, Central Africa. *Nature* 418:145–51.
De Heinzelen, J., et al. 1999. Environment and behavior of 2.5-million-year-old Bouri hominids. *Science* 284:625–28.
Foley, R. A. 1991. How many hominid species should there be? *Journal of Human Evolution* 20:413–27.
Harrison, T. 1991. The implications of *Oreopithecus bambolii* for the origins of bipedalism. In B. Senut and Y. Coppens, eds., *Origine(s) de la bipédie chez les hominidés*, pp. 235–44. Paris: Centre National de la Recherche Scientifique.

Köhler, M., and S. Moyà-Solà. 1997. Ape-like or hominid-like? The positional behavior of *Oreopithecus bambolii* reconsidered. *Proceedings of the National Academy of Sciences* 94:11747–50.
Leakey, M. G., et al. 2001. New hominid genus from eastern Africa shows diverse middle Pliocene lineages. *Nature* 410:433–40.
McCollum, M. A. 1999. The robust australopithecine face: A morphogenetic perspective. *Science* 284:301–4.
Orians, G. H., and J. H. Heerwagen. 1992. Evolved responses to landscapes. In J. H. Barkow, L. Cosmides, and J. Tooby, eds., *The adapted mind*, pp. 555–79. New York: Oxford University Press.
Pickford, M., and B. Senut. 2001. "Millennium Ancestor," a six-million-year-old bipedal hominid from Kenya — Recent discoveries push back human origins by 1.5 million years. *South African Journal of Science* 97:2–22.
Reed, K. E. 1997. Early hominid evolution and ecological change through the African Plio-Pleistocene. *Journal of Human Evolution* 32:289–322.
Rook, L., et al. 1999. *Oreopithecus* was a bipedal ape after all: Evidence from the iliac cancellous architecture. *Proceedings of the National Academy of Science* 96:8795–99.
Sereno, P. C. 1999. The evolution of dinosaurs. *Science* 284:2137–46.
Spoor, F., B. Wood, and F. Zonneveld. 1994. Implications of early hominid labyrinthine morphology for evolution of human bipedal locomotion. *Nature* 369:645–48.
Suwa, G., et al. 1997. The first skull of *Australopithecus boisei*. *Nature* 389:489–92.
Tappen, M. 2001. Deconstructing the Serengeti. In C. B. Stanford and H. T. Bunn, eds., *Meat-eating and human evolution*, pp. 13–32. New York: Oxford University Press.
Tavaré, S., et al. 2002. Molecular and fossil estimates of primate divergence times: A reconciliation? *Nature* 416:726–29.
White, T. D., G. Suwa, and B. Asfaw. 1994. *Australopithecis ramidus*, a new species of early hominid from Aramis, Ethiopia. *Nature* 371:306–12.
WoldeGabriel, G., et al. 1994. Ecological and temporal placement of early Pliocene hominids at Aramis, Ethiopia. *Nature* 371:330–33.

5. みんなルーシーが好き

Agnew, N., and M. Demas. 1998. Preserving the Laetoli footprints. *Scientific American* 262:47–55.

Berge, C. 1994. How did the australopithecines walk? A biomechanical study of the hip and thigh of *Australopithecus afarensis*. *Journal of Human Evolution* 26:259–73.

Berger, L. R., and P. V. Tobias. 1996. A chimpanzee-like tibia from Sterkfontein, South Africa, and its implications for the interpretation of bipedalism in *Australopithecus africanus*. *Journal of Human Evolution* 30:343–48.

Brunet, M., et al. 1995. The first australopithecine 2,500 kilometres west of the Rift Valley (Chad). *Nature* 378:273–75.

Clarke, R. J., and P. V. Tobias. 1995. Sterkfontein member 2 foot bones of the oldest South African hominid. *Science* 269:521–24.

Coffing, K. E. 1999. Paradigms and definitions in early hominid locomotion research. *American Journal of Physical Anthropology*, supplement 28:109–10.

Coppens, Y. 1994. East side story: The origin of humankind. *Scientific American* 270:62–79.

Fruth, B., and G. Hohmann. 1994. Nests: Living artefacts of recent apes? *Current Anthropology* 35:310–11.

Haüsler, M., and P. Schmid. 1995. Comparison of the pelves of Sts 14 and AL 288-1: Implications for birth and sexual dimorphism in australopithecines. *Journal of Human Evolution* 29:363–83.

Huw, R., et al. 1998. The mechanical effectiveness of erect and “bent-hip, bent-knee” bipedal walking in *Australopithecus afarensis*. *Journal of Human Evolution* 35:55–74.

Johanson, D. C., and M. Taieb. 1976. Plio-Pleistocene hominid discoveries in Hadar, Ethiopia. *Nature* 260:293–97.

Johanson, D. C., and T. D. White. 1979. A systematic assessment of early African hominids. *Science* 202:321–30.

Johanson, D. C., et al. 1982. Morphology of the Pliocene partial hominid skeleton (AL 288-1) from the Hadar Formation, Ethiopia. *American Journal of Physical Anthropology* 57:403–52.

Joulian, F. 1994. Culture and material culture in chimpanzees and early hominids. In J. J. Roder, B. Thierry, J. R. Anderson, and N. Herrenschmidt, eds., *Proceedings of the Fourteenth Congress of*

the International Primatological Society, pp. 397–404. Strasbourg, France: Université Louis Pasteur.
Jungers, W. L. 1982. Lucy's limbs: Skeletal allometry and locomotion in *Australopithecus afarensis. Nature* 297:676–78.
Kingston, J. D., B. D. Marino, and A. Hill. 1994. Isotopic evidence for Neogene hominid paleoenvironments in the Kenya rift valley. *Science* 264:955–59.
Kramer, P. A., and G. G. Eck. 2000. Locomotor energetics and leg length in hominid bipedality. *Journal of Human Evolution* 38:651–66.
Latimer, B. 1991. Locomotor adaptations in *Australopithecus afarensis:* The issue of arboreality. In Y. Coppens and B. Senut, eds., *Origine(s) de la bipédie chez les hominidés*, pp. 169–76. Paris: Centre National de la Recherche Scientifique.
Leakey, M. D., and J. M. Harris. 1987. *Laetoli: A Pliocene site in northern Tanzania.* New York: Clarendon.
Lovejoy, C. O. 1978. A biomechanical review of the locomotor diversity of early hominids. In C. J. Jolly, ed., *Early hominids of Africa*, pp. 403–29. New York: St. Martin's.
———. 1988. The evolution of human walking. *Scientific American* 259:118–25.
———. 1993. Modeling human origins: Are we sexy because we're smart, or smart because we're sexy? In D. T. Rasmussen, ed., *Origins and evolution of humans and humanness*, pp. 1–28. New York: Jones and Bartlett.
Lovejoy, C. O., K. G. Heiple, and A. H. Burstein. 1973. The gait of *Australopithecus. American Journal of Physical Anthropology* 38:357–80.
MacLatchy, L. M. 1996. Another look at the australopithecine hip. *Journal of Human Evolution* 31:455–76.
McHenry, H. M. 1991. Sexual dimorphism in *Australopithecus afarensis. Journal of Human Evolution* 20:21–32.
———. 1994. Behavioral ecological implications of early hominid body size. *Journal of Human Evolution* 27:77–87.
McHenry, H. M., and L. R. Berger. 1998. Body proportions in *Australopithecus afarensis* and *A. africanus* and the origin of the genus *Homo. Journal of Human Evolution* 35:1–22.

Rak, Y. 1991. Lucy's pelvic anatomy: Its role in bipedal gait. *Journal of Human Evolution* 20:283–90.

Sept, J. 1998. Shadows on a changing landscape: Comparing nesting patterns of hominids and chimpanzees since their last common ancestor. *American Journal of Primatology* 46:85–101.

Stanford, C. B., and J. S. Allen. 1991. On strategic storytelling: Current models of human behavioral evolution. *Current Anthropology* 32:58–61.

Stern, J. T. 1975. Before bipedality. *Yearbook of Physical Anthropology* 19:59–68.

———. 2000. Climbing to the top: A personal memoir of *Australopithecus afarensis*. *Evolutionary Anthropology* 9:113–33.

Stern, J. T., and R. L. Susman. 1983. The locomotor anatomy of *Australopithecus afarensis*. *American Journal of Physical Anthropology* 60:279–317.

Susman, R. L., and J. T. Stern. 1991. Locomotor behavior of early hominids: Epistemology and fossil evidence. In B. Senut and Y. Coppens, eds., *Origine(s) de la bipédie chez les hominidés*, pp. 121–32. Paris: Centre National de la Recherche Scientifique.

Susman, R. L., J. T. Stern, and W. L. Jungers. 1984. Arboreality and bipedality in the Hadar hominids. *Folia Primatologica* 43:113–56.

Tague, R. G., and C. O. Lovejoy. 1998. AL288-1 — Lucy or Lucifer: Gender confusion in the Pliocene. *Journal of Human Evolution* 35:75–94.

Tardieu, C. 1979. Aspects bioméchanique de l'articulation du genou chez les primates. *Bulletin de la Société Anatomique du Paris* 4:66–86.

Tuttle, R. H. 1981. Evolution of hominid bipedalism and prehensile capabilities. *Philosophical Transactions of the Royal Society of London* 292 (series B):89–94.

———. 1987. Kinesiological inferences and evolutionary implications from Laetoli bipedal trails G-1, G-2/3, and A. In M. D. Leakey and J. M. Harris, eds., *Laetoli: A Pliocene Site in northern Tanzania*, pp. 503–23. Oxford: Clarendon.

Tuttle, R. H., D. M. Webb, and M. Baksh. 1991. Laetoli toes and *Australopithecus afarensis*. *Human Evolution* 6:193–200.

White, T. D., and G. Suwa. 1987. Hominid footprints at Laetoli: Facts and interpretations. *American Journal of Physical Anthropology* 72:485–514.

White, T. D., D. C. Johanson, and W. H. Kimbel. 1981. *Australopithecus africanus:* Its phyletic position reconsidered. *South African Journal of Science* 77:445–70.

6. 何のために立つのか

Falk, D. 1990. Brain evolution in *Homo:* The "radiator" theory. *Behavioral and Brain Sciences* 13:333–81.
Hunt, K. D. 1994. The evolution of human bipedality: Ecology and functional morphology. *Journal of Human Evolution* 26:183–202.
———. 1996. The postural feeding hypothesis: An ecological model for the evolution of bipedalism. *South African Journal of Science* 92:77–90.
———. 1998. Ecological morphology of *Australopithecus afarensis.* In E. Strasser, ed., *Primate locomotion*, pp. 397–418. New York: Plenum.
Jablonski, N. G., and G. Chaplin. 1993. Origin of habitual terrestrial bipedalism in the ancestor of the Hominidae. *Journal of Human Evolution* 24:259–80.
Jolly, C. J. 1970. The seed-eaters: A new model of hominid differentiation based on a baboon analogy. *Man* 5:1–26.
Langdon, J. H. 1997. Umbrella hypotheses and parsimony in human evolution: A critique of the aquatic ape hypothesis. *Journal of Human Evolution* 33:479–94.
Leakey, R., and R. Lewin. 1978. *People of the lake: Mankind and its beginnings.* New York: Doubleday.
Lovejoy, O. W. 1981. The origin of man. *Science* 211:341–50.
Rose, M. D. 1976. Bipedal behavior of olive baboons (*Papio anubis*) and its relevance to an understanding of the evolution of human bipedalism. *American Journal of Physical Anthropology* 44:247–61.
———. 1984. Food acquisition and the evolution of positional behavior: The case of bipedalism. In D. J. Chivers, B. A. Wood, and A. Bilsborough, eds., *Food acquisition and processing in primates*, pp. 509–24. New York: Plenum.
Rose, L. M., and F. Marshall. 1996. Meat eating, hominid sociality, and home bases revisited. *Current Anthropology* 37:307–38.
Stanford, C. B., and J. S. Allen. 1991. On strategic storytelling: Current models of human behavioral evolution. *Current Anthropology* 32:58–61.

Tuttle, R. H. 1975. Parallelism, brachiation, and hominoid phylogeny. In W. P. Luckett and F. S. Szalay, eds., *The phylogeny of the primates: A multidisciplinary approach*, pp. 447–80. New York: Plenum.

———. 1981. Evolution of hominid bipedalism and prehensile capabilities. *Philosophical Transactions of the Royal Society of London* 292 (series B): 89–94.

Washburn, S. L. 1960. Tools and human evolution. *Scientific American* 203:62–75.

Wheeler, P. E. 1991. The influence of bipedalism on the energy and water budgets of early hominids. *Journal of Human Evolution* 21:117–36.

7. 肉を探し求めて

Blumenschine, R. J. 1987. Characteristics of an early hominid scavenging niche. *Current Anthropology* 28:383–407.

Boesch, C., and H. Boesch. 1989. Hunting behavior of wild chimpanzees in the Taï National Park. *American Journal of Physical Anthropology* 78:547–73.

Bunn, H. T., and J. A. Ezzo. 1993. Hunting and scavenging by Plio-Pleistocene hominids: Nutritional constraints, archaeological patterns, and behavioural implications. *Journal of Archaeological Science* 20:365–98.

Cordain, L., et al. 2000. Plant-animal subsistence rations and macronutrient energy estimations in worldwide hunter-gatherer diets. *American Journal of Clinical Nutrition* 71:682–92.

Isaac, G. L. 1978. The food-sharing behavior of proto-human hominids. *Scientific American* 238:90–108.

Isaac, G. L., and D. C. Crader. 1981. To what extent were early hominids carnivorous? An archaeological perspective. In R.S.O. Harding and G. Teleki, eds., *Omnivorous primates*, pp. 37–103. New York: Columbia University Press.

Kaplan, H., K. Hill, J. Lancaster, and A. M. Hurtado. 2000. A theory of human life history evolution: Diet, intelligence, and longevity. *Evolutionary Anthropology* 9:156–85.

Milton, K. 1999. A hypothesis to explain the role of meat-eating in human evolution. *Evolutionary Anthropology* 8:11–21.

Shipman, P. 1986. Scavenging or hunting in early hominids. *American Anthropologist* 88:27–43.
Shipman, P., and A. Walker. 1989. The costs of becoming a predator. *Journal of Human Evolution* 18:373–92.
Stanford, C. B. 1996. The hunting ecology of wild chimpanzees: Implications for the behavioral ecology of Pliocene hominids. *American Anthropologist* 98:96–113.
———. 1999. *The hunting apes: Meat-eating and the origins of human behavior.* Princeton, N.J.: Princeton University Press.
———. 2001. A comparison of social meat-foraging by chimpanzees and human foragers. In C. B. Stanford and H. T. Bunn, eds., *Meat-eating and human evolution*, pp. 122–40. Oxford: Oxford University Press.
Tanner, N. M., and A. L. Zihlmann. 1976. Women in evolution, part 1: Innovation and selection in human origins. *Signs: Journal of Women, Culture, and Society* 1:585–608.
Washburn, S. L., and C. Lancaster. 1968. The evolution of hunting. In R. B. Lee and I. DeVore, eds., *Man the Hunter*, pp. 293–303. Chicago: Aldine.
Wrangham, R. W., et al. 1999. Cooking and human origins. *Current Anthropology* 40:567–94.

8. よりよい二足動物

Binford, L. R. 1981. *Bones: Ancient men and modern myths.* New York: Academic Press.
———. 1987. Were there elephant hunters at Torralba? In M. H. Nitecki and D. V. Nitecki, eds., *The evolution of human hunting*, pp. 47–105. New York: Plenum.
Blumenschine, R. J. 1987. Characteristics of an early hominid scavenging niche. *Current Anthropology* 28:383–407.
Brain, C. K. 1981. *The hunters or the hunted?* Chicago: University of Chicago Press.
Bunn, H. T., and J. A. Ezzo. 1993. Hunting and scavenging by Plio-Pleistocene hominids: Nutritional constraints, archaeological patterns, and behavioural implications. *Journal of Archaeological Science* 20:365–98.
Bunn, H. T., and E. M. Kroll. 1986. Systematic butchery by Plio/

Pleistocene hominids at Olduvai Gorge, Tanzania. *Current Anthropology* 27:431–52.
Cann, R. L., M. Stoneking, and A. C. Wilson. 1987. Mitochondrial DNA and human evolution. *Nature* 325:31–36.
Dean, C., et al. 2002. Growth processes in teeth distinguish modern humans from *Homo erectus* and early hominids. *Nature* 414:628–31.
Dominguez-Rodrigo, M., et al. 2001. Woodworking activities by early humans: A plant residue analysis on Acheulian stone tools from Peninj (Tanzania). *Journal of Human Evolution* 40:289–99.
Dorit, R. L., H. Aksashi, and W. Gilbert. 1995. Absence of polymorphism at the Zfy locus on the human Y chromosome. *Science* 268:1183–85.
Gabunia L., et al. 2001. Dmanisi and dispersal. *Evolutionary Anthropology* 10:158–70.
Krings M., et al. 1997. Neandertal DNA sequences and the origin of modern humans. *Cell* 90:19–30.
O'Connell, J. F., and K. Hawkes. 1988. Hadza hunting, butchering, and bone transport and their archaeological implications. *Journal of Anthropological Research* 44:113–61.
Ovchinnikov, I. V., et al. 2000. Molecular analysis of Neanderthal DNA from the northern Caucasus. *Nature* 404:490–3.
Potts, R. 1984. Home bases and early hominids. *American Scientist* 72:338–47.
Potts, R., and P. Shipman. 1981. Cutmarks made by stone tools on bones from Olduvai Gorge, Tanzania. *Nature* 291:577–80.
Relethford, J. H. 1995. Genetics and modern human origins. *Evolutionary Anthropology* 4:53–63.
Schick, K. D., and N. Toth. 1993. *Making silent stones speak.* New York: Simon and Schuster.
Shipman, P., and A. Walker. 1989. The costs of becoming a predator. *Journal of Human Evolution* 18:373–92.
Speth, J. D., and E. Tchernov. 2001. Neandertal hunting and meat-processing in the Near East. In C. B. Stanford and H. T. Bunn, eds., *Meat-eating and human evolution*, pp. 52–72. Oxford: Oxford University Press.
Stringer, C. B., and P. Andrews. 1988. Genetic and fossil evidence for the origin of modern humans. *Science* 239:1263–68.
Thorne, A. G., and M. H. Wolpoff. 1981. Regional continuity in

Australasian Pleistocene hominid evolution. *American Journal of Physical Anthropology* 55:337–49.
———. 1992. The multiregional evolution of humans. *Scientific American* 226:76–83.
Walker, A., and P. Shipman. 1997. *The wisdom of the bones*. New York: Vintage.
Wolpoff, M. H. 1989. Multiregional evolution: The fossil alternative to Eden. In P. Mellars and C. B. Stringer, eds., *The human revolution: Behavioural and biological perspectives on the origins of modern humans*, pp. 62–108. Princeton, N.J.: Princeton University Press.
Wolpoff, M. H. 1989. The place of Neanderthals in human evolution. In Erik Trinkaus, ed., *Biocultural Emergence of Humans in the Later Pleistocene*, pp. 97–141. Cambridge: Cambridge University Press.

9. スカイウォーカー

Dunbar, R.I.M. 1992. Neocortex size as a constraint on group size in primates. *Journal of Human Evolution* 20:469–93.
Foley, R. A., and P. C. Lee. 1989. Finite social space, evolutionary pathways, and reconstructing hominid behavior. *Science* 243:901–6.
McGrew, W. C. 1992. *Chimpanzee material culture*. Cambridge: Cambridge University Press.
Smolker, R. A., et al. 1997. Sponge carrying by dolphins (Delphinidae, *Tursiops sp.*): A foraging specialization involving tool use? *Ethology* 103:454–65.
Stanford, C. B., and J. S. Allen. 1991. On strategic storytelling: Current models of human behavioral evolution. *Current Anthropology* 32:58–61.
Tooby, J., and I. DeVore. 1987. The reconstruction of hominid behavioral evolution through strategic modeling. In W. G. Kinzey, ed., *The evolution of human behavior: Primate models*, pp. 183–238. Albany: State University of New York Press.
Zimmer, C. 1999. *At the water's edge: Fish with fingers, whales with legs, and how life came ashore but went back to sea*. New York: Touchstone.